天下文化
BELIEVE IN READING

吳志揚的
三度職棒管理學

BASE
BALL *is Life*

推薦序

小時候，每年都會有日本慶應及早稻田棒球隊來台南友誼賽，使棒球成為台南相當熱門的運動。紅葉棒球的瘋狂熱度，遂使棒球在台灣起飛。一九八九年，兄弟洪騰勝來邀統一共組台灣職棒聯盟，沒想到統一董事會居然全體無異議通過。那時，我私下想，這真是一個可以長期待下去的公司。

運動推廣必須要有好企業參與，才能永續。職棒聯盟成立幾年後，就開始蓬勃發展。快要不賠錢時，就有人出面組第二聯盟，台灣市場小，撐不起那麼多球隊，惡性競爭，又使棒運一蹶不振。可見沒有政府輔導，職業球賽很難發展。

台灣職棒須當社會公益來經營，在此困難環境下，最辛苦的當然是聯盟會長了。三十年來，許多位會長，換了好幾個球團企業，使大家視當會長為畏途。吳志揚是二〇一五年開始當會長的。會長是無給職，必須有犧牲奉獻的體育精神才能勝任。志揚兄，為人直爽，領導聯盟有企業家風範。六年來，他孜孜不

倦，令人感動。如今將六年血汗，點點滴滴，積累成冊出版，囑我為序，不能述其辛勞於萬一。謹誌數語。

期待數年之後，台灣職棒能與日韓及大陸，讓職棒水準與風氣，提升到與美國並駕齊驅。那時的美亞大賽，成為世人注目焦點時，相信由運動而文化，由文化而經濟的國際化方向，才是真正成為世界村理想國的途徑吧！凡我棒球愛好者，大家一起加油。

——統一集團前總裁　林蒼生

一九九七年，台灣這棒球之島一次生出兩個聯盟，多達十一支職棒隊，然無人能料，幾乎霎那間，就天崩地裂，風雲變色……演變至今中職為了催生第五隊，竟等了十一年，但吳會長首當其功！

吳會長出身書香門第、政治世家，與我私誼雖篤，然各自在不同領域耕耘，一直到棒球這條路上，才又相逢。這才發現，長於為民服務的吳會長以他深厚的法學素養、獨到的市場觀察，以及對棒球的熱愛，為台灣三十年的職棒歷史，

展開了新頁。

吳會長被球迷評為歷任最有親和力的會長。有熱情、有想法、沒架子。而他六年任期的「奇幻旅程」雖然抵站，仍無私的奉獻出他的觀察和建言，這本「三度職棒管理學」是對台灣棒壇的諤諤之言。

——中華民國棒球協會理事長 辜仲諒

經營職棒十六年，從「La new 熊」到「Lamigo 桃猿」，我們曾經歷多任中職會長時期。中職前會長吳志揚在擔任桃園縣長期間，即熱心運動推廣，協助從高雄北上的桃猿落地生根，其後更盡力協助桃猿處理轉賣相關事宜，可說是棒球路上一路與我們並肩的貴人及好夥伴。

其最新作品《吳志揚的三度職棒管理學》，透過十二個棒球場上常見的數字術語，分享他任職會長六年期間的十二個領導故事。讀來饒富深意，獲益良多。對喜好棒球及新生代領導者而言，是一本難得的好書。

——LA NEW 集團董事長 劉保佑

二〇二一年一月，我在中華職棒五球團的共同推舉下，從志揚兄手上接下職棒聯盟會長一職。交接前，我特別以一位資深球迷的身分前往拜會請益志揚兄，言談間，感受到志揚兄對於這個孕育三十二年大家庭的疼愛，我們細數了自己對中華職棒的認識，彷彿時光倒流般，將那些場上的故事呈現在我們眼前，而在中華職棒累積紮實的基礎與制度管理，都呈現在志揚兄的這本書上。相信志揚兄此書中的分享，能成為我們重要的養分，持續滋養台灣棒球歷史的土壤。

——立法院副院長、中華職棒大聯盟第十一任會長 蔡其昌

吳志揚會長說過，人生的三個最愛是妻子、棒球及法律。在中華職棒聯盟任內六年，棒球串連起他人生的因緣起落。棒球反映人生，失敗和挫折，是球場、也是人生的日常；看似隨機的幸運，其實是習慣的累積，習慣努力、習慣付出的成果。吳志揚會長以「烏班圖」式的精神成就經典賽事，承載球迷的希望，成全球員的夢想，透過別人完成自己，成就共好。棒球，不只是棒球！

——富邦集團董事長 蔡明忠

在中華職棒聯盟任內六年的經驗，吳志揚會長淬鍊出一套經營領導哲學，在本書中以簡單易懂的棒球術語與大家分享。經營企業就像打一場棒球賽，一位成功的企業領導者必須具備各項關鍵領導能力，如同棒球場上的各個攻守位置，共同為贏球的目標而努力。不論是喜歡棒球，或在職場上對管理及領導議題有興趣的讀者，相信一定能在本書找到共鳴、獲得啟發。

——富邦金控董事長　蔡明興

棒球迷人之處，在於它必須透過群體合作，在瞬息萬變的局勢中，奮力拚搏爭取團隊勝利，不到九局下半，均是未定之天。這像人生，也像企業組織的運作。

吳志揚前會長在中職六年任內，見證兩支球隊易主，並協助味全龍復出，讓「棒球經濟生態圈」成為可實踐的夢想。豐富的中職經歷，結合十二個棒球術語所傳達的人生與經營哲學，讀來受益匪淺。

——頂新和德文教基金會創辦人　魏應充

（推薦文依姓名筆畫順序排列）

目錄 *Contents*

自序　轉念之機

經過一整年的疫情肆虐，誰能料到「中職開打」竟然躍上國際版面，成為全球運動產業最亮眼的一顆星？

職棒三十一年發生很多事。這一年，一開始就有新冠肺炎的疫情，一度連是否能開打都不知道。好不容易開打後，發生了「彈力球風波」，被認為是上半季全壘打滿天飛的原因；時值下半季，由於俗稱「波西條款」（Buster Posey Rule）的適用情況及判決，造成許多球員及球迷的不滿；直到爭奪季後賽資格的關鍵時刻，又因為運彩對特定場次「蓋牌」，引發是否該改變上下半季賽制的爭論。球季結束之後，自由球員與擴編選秀再度形成另一波交織的爭議。

然而，在這一切結束後，二〇二〇年十二月美國《時代雜誌》（*TIME*）

總結當年的年度大事時，將「中職開打」選入「最初與最後」（Firsts & Lasts）的年表單元，以最終的亮點總結了這充滿困難的一年。

這是我會長任內的最後一個球季。對我來說，職棒三十一年這一連串的考驗，就像是我的畢業考試。彷彿當年念完法律之後要去考律師一樣，那是一種對自己專業能力的總驗收：在經過多年會長任期後，我從中學習到的一切，足以讓我在此刻幫助這個聯盟走過難關。

回想當初，二〇一四年當中職在尋找下一任會長的時候，我其實並不在雷達的光譜上。那時的我，才剛卸任縣長，我想著的是陪家人去多看看這個世界。我其實沒有想到接下來真的看到了另一個世界，中職那時正在努力起飛，當時在沒有會長的情況下，許多人勸我接下這個職務將會是個吃力不討好的挑戰。我不被看好、不被期待，也不被特別喜愛。我並不是完美人選，更不是眾人眼中的王牌投手，朋友問我既然不求什麼，何苦去扛這樣的責任？也有不支持的人質疑我，究竟憑什麼？

是，會長是無給職；對，中職是理事制；沒錯，會長某種程度來說沒有絕對權力。這個位子並不是酬庸，因為會長並沒有薪水。這個職務也不是私相授

受，因為會長的任命必須經過會員大會及理事會的投票同意。這個工作更不是空降來指揮其他人做事，因為會長得要協調各個球團的代表以及聯盟體制裡的員工，共同完成工作。過去在這個位置上，會長要負責的就是推動聯盟前進，而我，並不是憑著什麼特別的關係而接手會長，只是發現我的背景和興趣正好符合這個位置的需要。

當時的中職，有著一大堆法律訴訟及法務工作。從勞資爭議、球員薪資條件、球團智財權及球員肖像權到媒體轉播權，一個接一個的大型合約，無本土前例可循的組織規章，每個狀況都是專業的法律問題。而我，正好是一名律師，我很習慣處理這些合約和法律文件，這是我律師的專長，讓我能夠以會長的身分協助這個聯盟。

而面對這許多的談判、合作、溝通、協調工作，無論是從裡到外，從個人到組織，從公有部門到私營企業，從台灣到國外，過去在政壇上的經驗和能力也剛好派得上用場。中職有三大部門，球團代表會議[1]有五隊代表[2]待進行決議，全台有十座以上的大小球場得和其所屬的縣市政府單位磋商使用細節，當我面對這麼多內外部相關單位亟待協同，其實就和過去我擔任縣長時，處理二十八個縣府局處室的工作彙報一樣，這也成了我與相關同仁及夥伴一起工作

的合作基礎。當中職詢問我是否有意願接任這個位置，本來就喜歡棒球的我覺得自己做得來，過去的背景和歷練也應該能夠幫得上忙，於是便答應下來。

我面對問題的思路很清晰：任何時候，只要發生問題，聯盟的態度是為球迷著想，並尊重球團、保障球員，根據制度及既有機制來解決問題。聯盟並不是發生問題「才來」解決，而是發生問題「就來」解決。並且以先前的經驗為本，努力找出讓類似問題不再出現的根本辦法。這是我們面對問題時的轉念，努力將危機當成一種轉機。

也因為球迷、聯盟同仁、球員、球團及媒體的共同努力，讓台灣的中華職棒大聯盟能夠在二〇二〇年四月十二日領先全球閉門開打，並在五月八日率全球之先，首度開放觀眾進場看球，這才獲得《時代雜誌》及其他世界各國媒體的關注。中職成功扭轉了厄運，為未來防疫生活的新常態提供了範本，也創造了聯盟三十一年來前所未有的國際球迷及媒體熱度。

在職棒三十一年結束後，我完成了這本書。它總結了這六年來中職教會我的一切。在書中，我用十二個棒球場上常見的數字術語來做引子，講述十二個和中職有關的領導故事，以分享十二種關鍵的領導能力。一個成功的領導者必

須：能溝通、夠關心、有態度、EQ高、抓準定位、提出願景、做足準備，並且堅持到底。既能捍衛法治，也能激發新創意，有大方向，也能抓小細節，且致力促成各方團結合作。這些關鍵的領導能力，就像棒球場上的各個攻守位置，共同為完成贏球的目標而努力。而該怎麼在適當的時機，把這些能力分配到需要的位置，就是我過去這六年來的工作內容。

具體來說，這本關於中職和領導管理的書，前四章著重在領導者本身該有的特質。我在第一章談的是如何溝通：無論組織內外，領導者的溝通能力和意願都是左右組織效能的第一王牌；第二章則是由關心員工的初衷出發，從而創造出組織的向心力，厚植中職行政管理的二軍農場；第三章是面對失敗時要有積極的態度，才能締造出代表成功的三成打擊率；第四章討論的是如何做自己情緒的主人，來及時阻止四壞保送帶來的一連串危機。

接下來四章，是中職在管理上的核心命題。第五章內容在抓準組織的定位，敘述中職在五大職業聯盟的區域合作之中，能夠成為領頭羊的關鍵；第六章論及中職第六隊的願景，如何引領我們一步一步前進；第七章則強調唯有事先做足準備，我們才能迎接人生和比賽中的幸運第七局；第八章主題為堅持到底，唯有如此方可阻止造成八人出局的假球案復發。

最後四章聚焦在聯盟的人物，從裁判、球迷到員工，在這六年之間如何獲得了成長；第九章環繞在法治的捍衛，從尊重裁判的角度去面對九局下半的關鍵判決；第十章則關注激發員工的創意，讓聯盟能獲得更多「最佳第十人」，也就是球迷的支持；第十一章分享聯盟面對新冠疫情時的細節處理，靠著所有「十一月先生」的努力，才讓中職順利完成賽季；第十二章內容以十二強賽為例，呈現聯盟在組織內外促成的團結合作。

這六年會長任期，經歷不少起伏，也讓我學到了很多。我發現從另一個角度去思考眼前面對的問題，就有機會將可能的負面結果轉化成正面的成功力量。我把我的思考寫下來，盼能提供其他人在職場和人生中作為參考。如果你喜歡棒球，或是對管理和領導感興趣，我想本書中的部分篇章，也許會觸動你的心，讓你有所共鳴。未來當你在人生及職場上，遇到管理或領導的挑戰難題時，能為你帶來一些思考上的幫助。

1 聯盟平常開的是球團代表會議，由各隊領隊參加，常務理事會通常一年只開一次到兩次。
2 六年期間大部分時間為四隊，只有味全加入後才有五隊。

01

一號王牌

Key Word 溝通

溝通就是第一王牌

做一個中職會長，要有十八般武藝，
若問到什麼是我的王牌？我會說是「溝通」。

棒球場上，每一個守備位置都有個代碼。其中1號代表了投手，通常也象徵陣中的王牌球員。一個王牌投手，球威能夠主導比賽的勝負、個性足堪打起全隊的士氣，出賽得以引領球迷的情緒。只要站上投手丘，他就是球隊的門面和勝利的保證，也是眾人的焦點。

在許多公司組織裡，也有這樣的王牌投手，他們通常是企業的創建者或領導人，像是台積電的張忠謀、微軟的比爾・蓋茲（Bill Gates）、蘋果的賈伯斯（Steve Jobs），和亞馬遜的貝佐斯（Jeff Bezos）。他們奠定了其企業的文化及業界地位，而突出的個人特質與形象，也讓他們成為該品牌的代言人。

然而，在中華職棒大聯盟這個團隊裡，中職會長一職，在我看來並非主宰一切的王牌投手，相反的，會長需要積極和其他更為重要的團隊成員們一起合作，才有交出理想成績的可能。在這六年期間，我也是以這樣的心態及角色去協助聯盟的運作。儘管自己不是聯盟團隊裡的王牌投手，但要完成領導者的工作，我手中仍持有一張王牌。

但在我打出這張王牌前，卻遇上了意料之外的困難。

新會長進了傷兵名單

上任沒多久，我就進了傷兵名單。

我是在二〇一五年二月四日獲得四球團的一致推薦，正式擔任中華職棒大聯盟的第九任會長。想不到未滿一個月，就因為熱愛打羽球，居然在運動時意外弄斷了阿基里斯腱，導致接下來幾個月都無法正常行走，必須以輪椅代步。這次受傷對我來說，既有象徵的意涵，也有實質的幫助。它象徵了我在職權上所受到的限制，也實質地幫助了我，在其後將工作做得更好。

會長是無給職，所謂「治理聯盟」的權力其實並不存在。現行的聯盟體制，是由各個球團加上聯盟的行政組織所組成。會長不能直接管理各球團的事務，所有重大事項必須透過球團代表會議共同商議後決定；至於聯盟行政組織所包含的三部十三組，就制度上來說是由秘書長統領。這樣的會長，和一般公私立組織裡實際掌權的最高領導人不同。這個職務的特色是：「位高、權輕，但責任重」。

位置很高，因為它代表了中職，是行政組織上的最高首長；權力很輕，因為中職

的決策機制皆以球團代表會議為主，會長沒有發號施令的絕對權力；責任很重，則因為中職若發生任何事情，球迷、球員、球隊和媒體首先問責的就是會長失職。

在接任會長前，我對於這個職務的特色即有清楚的認知。既然我沒有發號施令的絕對權力，我就得運用自身的專業素養及過往背景，與各球團保持良好的組織內溝通，藉以達成各方共識，一同為聯盟努力。

因此一開始，我就希望能夠以「超前部署」的速度和「積極任事」的態度，盡快熟悉職務、規章和聯盟裡的人事物，為未來的組織內溝通打好基礎，讓我能做好「位高、權輕，但責任重」的會長工作。這也是我一直以來做事的習慣——要在工作開始前就做好準備，好讓自己更快上手。

在正式上任前，我已經以準會長的身分，南下到各隊春訓基地進行探訪。那時，我可以感覺到許多球員對我很有距離感，看著我的眼神中除了陌生，還帶點不確定。他們可能心裡想著：「這個人是來幹麼的？」在動身南下前，我就已經預料到球員們也許會有這樣的反應。但我決定別想太多，既然我是即將加入這個聯盟的「菜鳥新人」，就得更加積極主動，於是我仍決定直接衝了，來到球員的面前讓他們認識我。

我急切著想為這個聯盟做出貢獻，讓自己在正式上場前能夠快速完成「熱身」，趕緊融入中職這個大團隊。我希望能讓球員們直接看見我這個人，雙方能夠聊聊天、認識一下彼此。我期盼帶給他們不一樣的印象，而不是僅從媒體的報導上得知中職的新會長是誰，或是耳聞我過去的政治背景而已。此外，我也想讓他們知道：我是一個可以溝通的人。未來若遇到什麼問題，都能夠一起討論尋求解決。我認為直接和球員們面對面接觸，會是最有效和最直接的自我介紹方式。實地走訪春訓基地和球場，也讓我更能掌握未來的工作環境。

這就好像球員和球隊在春訓期間努力為新球季做好準備，對我這個菜鳥會長來

在腳受傷的日子裡，我仍然積極於球場間奔走，受到許多朋友的照顧，也因此更能體會行動不便者的需要。

說，他們的春訓，也是我的春訓，我得趕緊完成暖身和調整，好在球季開始後隨即上場工作。只是沒想到，沒過多久我就受傷了。

受了這個傷，一開始讓我有點沮喪。當時我已準備好全力衝刺，卻突然不能正常走路，必須坐在輪椅上。那時不禁自問，怎麼會在這個時候出狀況？上任之後，最初我認為坐而言不如起而行，便依照自己過去的習慣，想盡快站起來動手做事，就像過去一樣快速前進。然而，現實的狀況卻不允許我這麼著急。

「想加快速度，卻必須得放慢下來」。沒想到這樣的心情，對我來說居然更有幫助。我很想立即展開工作，然而受傷讓我

二〇一五年二月，我接任第九屆中華職棒聯盟會長。

必須先慢下來。這也讓我有機會坐下來，用更低的姿態和不同的角度，去重新看待自己認識的棒球，從而熟悉我還不了解的聯盟體制，並且更仔細思考我接下來要做的工作。

受傷，變成我生涯遙控器上的一個按鈕，讓我可以用慢速播放眼前發生的狀況，也能夠轉換不同的視角，去檢視同一個問題。我先不急著大刀闊斧進行改變，反而是靜下心來觀察聯盟的現況，然後透過詢問和傾聽，試著讓自己逐漸被聯盟的員工、球員及球隊所了解。

受傷之後，妻子變成我的小護士，從家裡、會長辦公室到球場，都是她推著坐輪椅的我到處走。那時我常對她開玩笑說：「現在妳不只是我的牽手，還是我背後的推手。」她則笑而不答。因為坐在輪椅上，我感受到許多先前被我忽略的人事物。尤其是進入球場，我才第一次親身體會到身障人士的不便，也因此讓我注意到未來該如何為這些有特殊需要的人士做好服務。對於前往現場看球的身障人士來說，球場外的停車空間和移動距離是否適當？球場裡的動線及指示是否清楚？球場內的服務、設施與工作人員的協助是否足夠？這些我可能忽略的細節和不便，在我受傷坐輪椅的時候都深刻地感受到了。

這就好像傷兵名單上的球員，因為不能上場打球，反而有更多機會從旁觀察隊友和對手比賽一樣。從一個旁觀者的角度，去發現自己先前未曾留意過的細節，將有助自己成長，等到重返球場比賽時，更能發揮細膩的表現。而我這個會長，即使一開季就進了傷兵名單，但也可以好好利用這個機會，讓自己未來做得更好。

當然，受傷之於我也是一種挑戰。我記得那一年六月計畫前往韓職參訪，既然是以中職會長的身分出席，自己的一言一行便代表了聯盟，因此我極不願意因為受傷而在人前示弱。當時甫開刀不久的腳仍使不上力，醫生交代這段時間得小心行動，最好持續戴著護具做輔助和支撐。但是，就在和韓職會長見面的時候，我硬是撐著將腳上的護具拆掉，西裝筆挺地和對方招呼寒暄，像個手腳靈活的人一般會談及合照。

逞強的結果，致使即將復原的傷勢變得更加嚴重，當晚見面後我便腳痛得睡不好。儘管吃了點苦頭，我卻認為這麼做是值得的。

為何這般硬撐？我當時的想法很簡單：中職是要在世界舞台上和各國合作、競爭的職棒聯盟，因此在身段上必須放「軟」，但在氣勢上卻應該夠「強」。台灣地方小，市場也不大，中職當時只有四隊，在規模上與各國相比只能算是中段班的等級，所以在與各國職棒聯盟溝通時，我們的身段應該柔軟，主動釋出合作的善意。若能建立良

好及長期的合作關係，對中職的發展必定有好處；雖說如此，國際之間仍是相互競爭的對手。從球員挖角、洋將競逐到球迷經營，從美職、日職、韓職到澳職，每一個外國的職棒聯盟都在和中職搶奪人才及資源。面對這樣的激烈競爭，我們的氣勢絕不能輸。

這種場合的溝通，同時是一場心理戰。這是我和韓職會長的首次會面，也是我給對方的第一印象，態度上要示好，但亦不能示弱。雙方日後的溝通模式將從此定調，無論彼此合作或相互競爭，在應對進退上，中職都握持明確有據的態度，懷抱信心和對方平起平坐。

這次受傷的經驗，對我來說有很大的幫助。縱使受傷讓我在行動上受限，卻也

二〇一五年拜訪韓職會長具本綾先生時，我的腳傷仍未痊癒。

提供我更不受限制的視野。往內，讓我探索自己的心態與目標；往外，則讓我發現中職的處境和空間。日後我在國內外推動中職的相關工作進程時，都會回想起這一次受傷帶給自己的經驗及挑戰，引導我做出更好的溝通。

溝通，就是我的1號王牌

中職的會長，該由什麼樣的人來擔任？這個問題，不見得有最好的答案。什麼是會長的必要條件，或者誰是最佳人選？許多人在做答時，都會帶著些許自己的想像和迷思。我也是一樣。當初在考慮自己能否接任這份工作時，那些眾人眼中的必要條件和最佳人選都給了我不一樣的

每一場精采賽事的背後，都有一群努力付出、不辭辛勞的工作人員（二〇一六年中華職棒明星對抗賽）。

思考。

首先，會長該不該會打棒球？許多人認為，職棒是以球員為主體的運動組織，非球員出身的職棒會長，缺乏相同的背景和養成，必然不了解球員的心理，無法處理好分內的工作。事實上，會長的角色及專業，並非表現在他的棒球技術上。會長確實需要棒球專業的相關知識，但他要處理的不僅僅只是棒球技術的專業而已。最需要棒球專業技術的管理職務，是球隊的總教練。但即使是總教練，待處理的問題也不只是球場上的球技發揮。除了下達戰術和調度外，他該如何帶領球隊獲勝、贏得球員的信任、幫助球員克服問題……這一切都與棒球相關，卻又不只是棒球的技術背景就能解決。

因此，我認為自己的棒球可以打得不夠好，但必須對棒球有足夠的了解，並且在棒球的專業外，還得具備更多其他的專業背景，來解決棒球場外的問題。換言之，我必須擁有許多關鍵的領導能力，才能做好會長的工作。至於哪一項領導能力最重要？每個人的看法可能有所不同。對此，我心中一直都知道答案是什麼。

投手在場上守備位置的代號是1號。我記得投手出身的郭泰源總教練說過一句話：「投手是棒球場上的主宰，投手沒有動，棒球場就是靜止的。」做為會長，什麼樣的領導能力是主宰勝負的最大關鍵？我認為是「溝通」。當我需要拿下重要的勝

利、取得必要的成功時，我會將最大的心力投注在溝通上，就像總教練要贏得關鍵的比賽，他會把先發投手的重責大任交到王牌的手中。溝通，就是我心中的1號王牌。

中職並不奉行一言堂式的領導。在這裡，所有重大事項都透過球團代表會議討論出各隊的共識，確定成為聯盟的決定之後，全員再一同依決議實行。在這樣的決策過程中，就需要與會成員間能有充分而良好的溝通，才能討論出彼此的共識。所謂的決策過程，其實本質上就是溝通及討論的過程。而做為會議主持人的我，則需協助讓討論能夠有效率地產生結果。

為了達成有效的溝通，我非常重視溝通過程的細節。過往擔任行政首長的經驗，讓我在主持會議時養成了三個重要的溝通習慣，在進入中職後，我也要求聯盟的同仁們協助我一起完成：就是要「事先溝通」、「簡化版本」及「大事／繁事先議決」。

這三個習慣，可以說是我達成有效溝通的心法，也可以說是溝通能力的具體實踐。

第一個心法，是要做到「事先溝通」。這是指在會議開始前，就必須將這次會議中要討論的事項向各球團代表說明清楚。會議參加者為球團代表，球團之上都有母公

司，他們必須向自己的老闆負責，許多重大決策得要在球團內部先取得共識，才能進入會議中進行討論。一切若是等到開會時才來說明，不只讓與會者缺乏足夠的時間思考，也難以當場做出結論，最終只是浪費會議時間而已。

這樣的原則說來合情入理，但要實踐它卻需要方法。既然會議之前，就必須和與會者完成事先溝通，那麼整體作業的時間就得提前。做為會議主持人，我們必須先取得自己團隊中的共識，然後據此準備相關的資料。無論總體情勢的分析、單一個案的狀況，或是各項提案的利弊，實際完成的時程表都必須提早，才有餘裕和其他球團的代表溝通，並給他們時間完成各自組織內的討論。讓工作團隊的成員們都能習慣這樣的節奏，是這第一心法能否實現的關鍵，也是領導者形塑工作文化的責任。

第二個心法，則是「簡化版本」。也就是以簡馭繁，化整為零，將複雜的狀況簡單化，把決策的過程從長篇大論的「申論題」，拆解成一個接一個的「選擇題」。面對問題，全體成員在進行討論時需要有重點，而且時間及精力有限，得避免失焦的冗長討論。掌握關鍵的因素，透過簡化的過程，把可能的答案一一排列出來，並組合成不同的選項，讓大家能明確地做出選擇。

以二〇二〇年十月的領隊會議為例，當我們在討論二〇二一年的賽制及賽程時，

會議前已根據三個關鍵因素，將來年的賽程拆解成不同的版本。這三個因素分別為：一、是否要改變上下半季賽制？二、是否增加場次？以及三、週一是否休兵？排列組合出來之後就有十個不同的版本。舉例來說，其中一個版本是「不要改變現行的上下半季賽制，也不要增加場次，但週一需要休兵」。而這些簡化後的版本，即為事先溝通的重點。在會議之前就讓各球團清楚了解各個版本的內容與利弊得失，球團代表們在各自的母企業內部進行評估後，才能帶著明確的意見來參加會議。

簡化版本的同時，也得以讓大家明白沒有一個版本能夠毫無缺點。畢竟事無完美，總得有所取捨。若真有完美無瑕的版本，那也就不用討論，直接選擇這個版本即可。今天需要討論出一個共識，就是因為每一個版本都有各方要取捨之處，而透過簡化版本的過程，能夠幫助與會成員們聚焦。

至於第三個心法則是與議程的順序有關，我的原則是「大事／繁事先議決」。也就是在開會前，先依討論事項的重要性及複雜度，將討論的先後順序排好。管理學家柯維[1]（Stephen Covey）曾提出一個廣為人知的時間管理原則，建議把手上所有的待辦事項依照「重要性」和「緊急程度」納入四個象限，然後將最重要和最緊急的事情列為優先處理項目。對討論的議程而言，需要花時間討論的重要及複雜事項必須被放

在最優先處理的順序。原因無他，純粹是人的精力有限，必須趁著會議一開始，大家的精神和心情都處在最佳狀況，把最複雜的大事討論完畢。

我還記得在修王澤鑑教授「民法總則」這門課時，他曾說法律就是「區別、區別、再區別」。在法律人的腦中，總是習慣透過畫樹狀圖，將相似及相關的概念區分開來，在排出順序和關聯後，就能呈現出輕重之別。在上述第二個心法中提到的十個簡化版本，也是按照相同的原則排列溝通順序，若是一次討論這十個版本的賽程，將很難找出最好的結論。過去擔任律師的經驗和邏輯能力，讓我習慣先排出這三個條件的先後順序：首先確認是否要改變上下半季賽制。這個問題的爭議最大、影響最嚴重，情況也最複雜，因此需要最多時間討論以尋求共識。待確認眾人決定不更改、依舊維持上下半季的賽制後，再討論是否增加場次以及週一是否休兵這兩個相對單純的議題。

有條不紊地逐一討論，我們可以把有限的時間精力投注在最重要，也最需要討論的議題上。如此的安排，能幫助與會成員在最佳的身心狀態下進行溝通，也能夠更有效地達成最終共識。

這三個心法，是我在主持會議時和大家溝通的方法。而每一次開會的議程皆分為五個步驟。首先第一步是從確認上次會議紀錄開始，接著分別是二、報告事項，三、

討論事項，四、臨時動議，再到五、結論。

這五個溝通步驟，可以形成一個很有效率的討論節奏。會議一開始，先簡要提醒大家上一次的共識是什麼，做為暖身。然後用簡短的時間將需要公布周知的最新事項向大家報告，幫助與會者掌握全局。等到進入討論事項時，才是重頭戲的開始。這前三項步驟，都是會議主持人可以事先準備的，若是有任何我們事先不知道的問題需要討論，則需留待臨時動議時提出。最後在進行結論時，應將各方討論後的決議做一次快速的確認。通常記者這時都已經等在外面，準備召開新聞發布記者會，在我正式對外宣布聯盟的決定之前，必須和各球團代表確認這是我們全體都同意的共識。

這些步驟和順序，並不是我的創見，而是世上行之有年的基本會議程序。我的角度與功能，只是確保聯盟中的球團會議能夠依此程序進行，協助解決過程中的程序問題，並且和大家一起創造出良好的溝通氛圍。

過去我常遇到的程序問題，就是該如何將報告事項與討論事項區分清楚。乍聽之下，兩者好像很相似，但中間有很大的區別。事實上，區分法很簡單：所謂「報告事項」是毋須討論的，直接由聯盟人員報告，讓與會代表們知曉即可；若是在報告之後仍需討論的，就放在「討論事項」中處理。聽起來很簡單，但實際執行時經常會搞混，

所以我在與聯盟同仁事先溝通時，都會將議程的內容確認清楚。能夠維持明晰的會議節奏，才能讓團隊成員間進行有效的溝通。

有方法、有步驟，就有能力創造出良好的溝通。

「開會的時候要用點心。」

除了溝通能力外，溝通的意願也很重要。所謂的溝通意願，必須是雙向的互動。除了我自己有溝通的意願，我也要有能力讓與會者有意願溝通。一直以來，為了解決問題，我都願意與人溝通。由於我之前擔任過律師、立法委員和縣長，具備法律及政治的歷練，讓我在面對問題時養成了不一樣的心理優勢。

首先，我非常有耐心。除了我天生的個性之外，也因為過往的經驗，讓做為領導者的我早已接受了一個事實，那就是：「一切都是溝通的過程，而每一個過程都需要時間。」之前擔任縣長，待處理的問題多如牛毛，民眾生活的大小事都和縣府的管轄內容相關。若想一蹴可幾，缺乏耐心一一溝通，強行硬推的結果很容易就會踢到鐵板。

其次，我很能克制自己的主觀意見。這點和我過去曾任律師的習慣有關。做為專業律師，面對案件必然會有自己的主觀詮釋和判斷，但是我的法律見解必須奠基在每一個案件的事實以及對應的法條上，才能保持足夠的客觀性。此外，律師是一個服務客戶的角色，在幫助委託人解決問題的過程中，會經過非常多次的相互溝通。如果我的主觀意見太強、過於堅持自己的做法，我在溝通的過程中就會失去彈性，這必然將造成更大的衝突。

第三，我懷抱著同理心。我會一再詢問自己，是否兼顧到各方的利益？我會一再提醒自己和眾人，都應試著站在對方的角度為彼此設想，努力照顧到各方的意見與感受。無論擔任律師、立委或縣長，我所帶領的團隊都旨在協助處理他人之事，因此我已習慣從別人的立場去思考問題，也會要求所屬團隊發揮同理心，才能做好幫助他人的工作。

若有意願扮演一個有耐心、保持客觀，又能替對方著想的溝通領導者，才有辦法讓其他人願意與自己溝通。開會時，我經常和與會者分享的一句話，是希望他們能夠「勇於表達，也能勇敢改變」：勇於表達他們心中的意見和感覺，好讓其他人聽見；但當聽到別人說出你也認同的好意見時，也別害怕改變自己原先的立場和想法。

也就是說，做為會議主持人，我會鼓勵與會代表各抒己見，我們尊重每一位成員的發言權利，並期許大家能聽取彼此的看法。在會議進行的過程之中，若感到其他成員發表的意見更有道理、進而被對方的論點說服，即使與自己先前的發言相衝突，也應勇於改變既有的立場。彼此都能說服對方，這樣的討論才有交集，也才能形成更堅定的共識。

再舉個小例子。我記得當年第一次踏入中職的會長辦公室，現場的空間讓我感到意外。這裡的擺設四平八穩，看來十分氣派，確實符合外界對會長的期待，可惜紅木家具及黑色沙發所打造的氛圍，少了一點屬於棒球人的活力。於是我自掏腰包，從ＩＫＥＡ採購了一些樣式年輕、顏色活潑的小家具，來營造一個開放的小角落。

這個角落，是我創造出的一份「邀請函」，無論任何人都能走進這間辦公室，坐在這個角落和我聊聊。無論聊棒球、聊工作、聊人生，或者暢談人生中的棒球工作，這裡就像是一個起點，開啟了一個活水的源頭，讓溝通可以從容自在地發生。

我並不介意同仁在他們有公務需要的時候，自由使用這個空間。後來這個小角落變成一個很有意思的地方，同仁們喜歡在此接待賓客，做為禮賓的會客室；有時聯盟舉辦記者會，同仁也會在這裡和與會者進行溝通及準備，然後再進入會議室的記者會

現場；聯盟在社群網站上辦活動時，甚至會使用這裡進行直播節目和舉辦活動，開放給球員來與球迷互動。這裡，成了聯盟對內對外的溝通場域，不再是嚴肅的會長專屬辦公室。

我也曾和同仁們開玩笑說道：「開會的時候要用點心。」乍聽之下，他們以為我是在指責他們不用心，直到我把預先準備的點心拿出來，讓參與會議者能夠一邊開會一邊吃，他們才笑了出來，這才了解我說的「用點心」是「用餐」之意。這些小地方，是我透過營造自在的客觀環境及輕鬆的討論氛圍，讓大家更有意願溝通，同時幫助我在任內的工作推展。

雖然說溝通不是數學，但從會長及聯盟的角度來看，要能夠順利推動會務，關鍵在於如何在各球團之間取得共識。而數學上的「最大公約數」，很適合用來描述在彼此競爭的各球隊之間，依舊存在著合作共生的空間和可能。關鍵就在於如何透過討論與溝通來化解競爭過程中所產生的衝突，找到那個可能性。

在尋找最大公約數的過程中，溝通就是我仰仗的第一王牌。一開始進了傷兵名單的我，在靜下心之後，不疾不徐地按照我過往的方法和步驟前進。因為我不著急，所以讓我能夠與他人一步一步地慢慢溝通，而對方也因此更願意與我這個新任會長進行

我們尊重每一位成員的發言權利，並期許大家能聽取彼此的看法。

我一手打造的角落，隨時歡迎同事找我談天說地。同時也是召開小型會議、接待來賓的最佳場所。

交流，從中，我更找到了最適合自己發揮的位置。在傷勢復原後，帶著這些收穫和累積，我以會長的身分重新站起來，有力地為聯盟及球團繼續付出。

那一刻起，我可以自信地說，我已經不再是個傷兵會長了。

1 著有《與成功有約：高效能人士的七個習慣》，二〇二〇年，天下文化。

02 二軍農場

Key Word 關心

與中職夥伴們的傳接球

不常被看見的付出，除了球員需要照顧，中職員工也需要關懷與成長。

「2」這個數字，在職業運動裡經常是被忽略的一環。畢竟，所有球員追求的就是第一，搶上一軍、奪得冠軍才是唯一的硬道理。過去曾經有人問：「誰是第二個登上月球的太空人？」當大家只記得阿姆斯壯（Neil Armstrong）的時候，經常都忘了天下第二人。

然而，從一支球隊的組成來看，創造頂尖戰績的一軍固然重要，二軍農場的養成亦同樣關鍵。過去不常被看見的二軍，這幾年在各球團全面投入建制後，聯盟也配合強化二軍比賽的能見度。特別是在二〇一五年首度網路直播二軍總冠軍賽之後，二軍完整賽事的相關轉播管道便不斷擴充，到了二〇二〇年，原本只有 ELEVEN 體育台轉播週五到週日的比賽，也多了緯來體育台加入，增加週二到週四的賽事播放，目的就是讓二軍的球員能擁有更多被看見的機會。與此同時，二軍的場次不斷增加，總場次在二〇一九年從原先的一四四場增加為兩百場。另外，二軍交流盃賽的舉辦，讓職棒、業餘成棒和大專棒球有機會得以交流，二〇二〇年參賽隊伍甚至多達十支，創下新高紀錄。

做為國內棒球發展的頂端結構，職棒聯盟不只要照顧現役的主力球星，也必須照顧二軍球員的成長，同時往深處協助基層棒球向下扎根。事實上，聯盟內部也像是一

個農場系統，若是能在聯盟的行政體系中，注入棒球的管理精神，就能厚植聯盟內部人員的團隊戰力。

聯盟中的隱形球隊

所謂二軍，不該只是場上的球員而已。許多球迷聽到「二軍」，都會直接聯想到球隊的農場系統。從聯盟的觀點來看，除了現有五支參賽球隊外，還有一支隱形的球隊。雖然球迷看不到這支球隊在職棒場上出賽，但這支球隊的戰力表現卻非常關鍵——他們不與任何一支職棒隊伍競爭，而是一直站在所有球隊身旁，全力支援；他們隱身在幕後，是所有球隊的支援農場，為每一位球迷、每一場比賽、每一位球員和每一支球隊服務。和中職其他球隊的二軍不同，這支隊伍不只是單一球隊的支援農場，更是全聯盟的戰力後盾。

這支隊伍，是我在聯盟的工作夥伴。他們彼此協力合作，共同推動職棒的行政、賽務和宣傳推廣，彷彿一支球隊。而建立這支團隊的培育體系，也如同正規職棒球隊的二軍農場一樣重要。由於草創時期一切從簡，以往中職員工這支隊伍和從前的二軍

類似，未曾獲得應有的重視，其後亦遲遲未建立起養成文化。聯盟員工的人才培養和團隊實力厚植，早年著墨甚少。對許多公私企業而言習以為常的培訓或福利制度，之於過去的中職員工更是連想都沒想過。

回想起上任的第一年，聯盟在二〇一五年底舉辦了員工旅遊。當時妻子問道：為何去桃園半日遊？這讓她大吃一驚。我向她解釋，自己也是進了中職才知道，長期以來聯盟都沒有員工旅遊的安排。畢竟中職是非營利機構，目的並不以獲利為優先，況且聯盟內部的行政經費相當拮据。儘管如此，我仍希望員工在歲末時節能夠有個機會放鬆一下，大家自在地團聚，因此才舉辦了這樣的活動。

然而，那時妻子的反應，啟發了我另一個想法：「為什麼中職的員工旅遊，只能在台灣半日遊？」

團隊領導者更像是一個僕人

這些同仁辛苦了一整年，舉辦那麼多場比賽，承受著巨大的壓力。球迷放假前來看球，負責比賽場務的他們卻在假日出勤。投身中職工作者追求的都不是賺大錢，他

們心裡都懷抱著理想，和近乎不可思議的熱情。那樣的熱情，來自對棒球的憧憬。然而，身為聯盟的領導者，該如何讓他們覺得自己的努力被人看見、自己的付出受到肯定，這是我該去思考的事。

我一直認為，團隊的領導者更像是個僕人。整個工作團隊並非為了我而存在，而是我為了他們而存在。我們是為了共同的目標凝聚在一起，工作團隊不是為我服務，而是為了我們的共同目標服務，所以我該為他們著想，替他們找出工作上的可能性，為他們注入更多熱情的催化劑。

對於其他私人企業來說，員工旅遊不只是一項福利，也是一種獎勵，更是一股動力。這是員工掙來的權利，也是他們犒勞自己的方式，讓平常一起工作的同事們，有機會在職場外的場合，用不同的身分交流。這樣的經驗很美好，也會把如此的正能量帶回新一年的工作之中。

我想，中職的員工也應該享有這樣的美好。於是，在第一年之後，我尋思改變每年員工旅遊的地點。隨著上任第一年達成損益打平的目標，聯盟繼續嘗試提升營運效能，接下來幾年開始有小額盈餘。我們也試著讓一起努力的夥伴們感受到聯盟的成長，於是在第二年末，員工旅遊的地點從桃園往南到了台中，從半日遊變成了兩天

一夜。

這當然算不上什麼了不起的升級，然而大家的反應卻已經非常熱烈。我帶著他們去鎮瀾宮拜拜，祈求聯盟和員工能夠一切平安。領著大家持香祝禱時，我第一次試著用台語大聲唸出「中華職棒大聯盟」七個字。當晚能夠一起在外過夜，對大家來說也是個前所未有的新奇體驗。我還記得當天遇上二〇一六年北半球的帝王級寒流來襲，台中氣溫太低，冷到下起了和雪相似的「霰」。有員工對我說：「會長，我今天玩得真的很開心，但實在太冷了，我不行了，得先回去了。」為了讓大家暖起來，當天晚餐也由我自掏腰包請同仁吃飯，後來演變為一項傳統——眾所皆知員工旅遊那幾天中，必定會有一餐是由會長做東。

同心才能協力，創造出「同心圓」的領導模式

領導者若想凝聚一個團隊，就必須從同理心出發，他的所作所為得讓成員「有感」，才能創造出向心力。對於身旁的工作夥伴，我一直抱持著這樣的心態：若期望他人如何對待自己，就該以相同的方式去對待對方。

我曾經想過，如果辛苦工作了一整年，努力付出卻未能被人看見，那該有多悶？我不希望中職的夥伴心生這樣的感覺，因此我試著在能做得到的範圍內，盡量激勵他們。最終，他們不但回應了我的期待，更交出令人驚喜的工作表現。自此開啟了一個「同心圓」的領導模式，我們的團隊擁有共同的核心價值。上下一心的結果，讓影響力往外不斷開展，一圈又一圈地擴張出愈來愈大範圍的漣漪。

不斷升級的員工旅遊，就像一個不斷開展的同心圓。本來大家還不太習慣這樣的改變，但很快地他們也開始有所期待：那麼明年我們計劃去哪裡？要去多久？到時候會長又要請大家吃些什麼？這變成了一個話題、一個可能的目標，也逐漸成為我們之間的一種默契。接下來的第三年，我們一起暢遊沖繩三天兩夜；第四年，共赴大阪四天三夜；第五年，則造訪了北海道五天四夜。

隨著聯盟收入穩定成長，員工的信心也更加穩固，年末員工旅遊的不斷升級，更為他們的工作表現帶來正面向上的有力循環。更重要的是，同仁還會自費帶爸媽同行。平常因為忙著舉辦比賽無法陪伴家人，父母甚至質疑自己的孩子明明不太會打棒球、為何進入棒球聯盟上班？如今他們終於有個機會，能夠在員工旅遊時，好好與家人作伴。

那是他們心中湧起的一股驕傲，也想讓爸媽看看這些平日和自己並肩工作的夥伴。每天都與棒球為伍——從辦公室到球場，棒球的世界就像是他們的另一個家；從同事到同伴，一起經歷過的事情太多，關係也近似家人般親近。員工旅遊攜伴父母同來，就像是將職場裡的家人，正式介紹給自己的家人般，意義非凡。

團體動力一如傳接球熱身，當你為團隊投入心思，逐漸就會看到溫暖的反饋。一開始的幾球或許還未能上手，一不小心便將球投過頭、飛到身後。緊接著你一球、我一球地往來投接，直到彼此熟悉了節奏，就能培養出雙方共有的習慣，在找出對方偏好的接球位置同時，也找到讓自己自在的出手點。

二〇一八年中職大阪員工旅遊，我們前往甲子園球場參訪。

我知道自己該怎麼出手，才能讓這個團隊更好。他們充滿熱情的回應，讓我能更加自在地和他們繼續傳接球。而他們對自己工作的期許，也隨著對每一年員工旅遊的期待，一起愈追愈高。

到了第六年，一切卻變了。

由於新冠肺炎來襲，即使中職於疫情爆發前期領先全球、閉門開打，並於二〇二〇年達成史上第三千萬人次入場的目標，但限制入場人數的防疫措施，仍讓聯盟收入下滑。這一年，為了有效防堵疫情，中職工作團隊花費了較以往更多的時間、在沒有任何前例可循的情況下，全力準備應付各種可能的突發狀況，以保護進場看球的球迷及場上的球員。如此心力交瘁的

二〇一七年的員工旅遊來到沖繩，享用了美食，還參觀了當地的球場。

一年，同仁們做得更累、投入更多，收入卻不增反減。

在新冠病毒侵襲台灣的第一個球季，中職團隊面對的不只是工作的壓力，還有健康的威脅。在他們關心、照顧球員與球迷的同時，我也應該致力呵護和我一同工作的這群夥伴們的健康及安全。在面對未知的新冠疫情初期，力所能及的防護措施除了戴口罩、勤洗手和保持社交距離外，增加自體的抵抗力也是專家建議的方法之一。

當時新冠疫苗尚未面世，但是施打流感疫苗可以降低罹患流感的風險，從而減少因抵抗力降低或必須就醫，而同時感染新冠和流感、造成嚴重病情的可能性。為此我超前部署替同仁爭取到一批流感疫苗。原本開放的第一時間就要為中職員工施打，但其後為了配合政府的流感疫苗調度，因此只好延期。

當面對未知的疫情，我們中職的員工仍得繼續工作，而我能做的就是盡量為大家著想。既然我們是一個「同心圓」，那麼就該設身處地、推己及人：我會如何保護自己，就該怎麼保護他們。

經過了這麼辛苦的一年，我能再為他們做點什麼以感謝同仁的付出？由於疫情肆虐，國外旅遊勢必無法成行，備受眾人期待的第六年驚喜，也僅能以破滅告終。對

於辜負他們一路往上堆積的期待，我心底相當難受。回顧過去三百多天，每位員工付出的心力都毋庸置疑。若少了他們，中職三十一年要想順利開始、平安結束，根本是不可能的任務。他們理應獲得更多回報，但受限於當時的狀況，讓我任內最後一次和大家共同出遊的機會，又回到一開始的國內旅遊。

為配合防疫規定，同時節省開支，我們避開了人多的週末，最終決定訂在週一、二造訪宜蘭。因為是上班日的關係，許多員工未能攜家帶眷、僅能隻身參加，讓另一半留在家裡照顧孩子。

臨出發前，妻子問道：「我可以不要去嗎？我好怕掉眼淚喔，而且我也很怕他

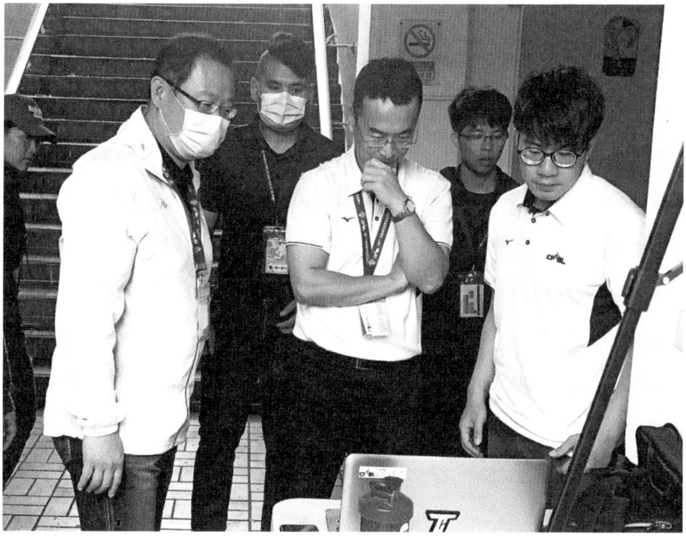

二〇二〇年二月為防疫巡視統一與雲林球場。

們不理我們。」對此我自問：會嗎？只因為我即將卸任，大家對於員工旅遊的參與態度就會有所改變？我並不這麼認為。但也不願團隊裡有人感受到非去不可的壓力、似乎非得要來露個臉不可。我安慰妻子：「一切不會是妳害怕的那樣，相信我。」

二〇二〇年，最後一次員工旅遊

我不是一個會輕易感傷的人，總覺得世間的常態就是來來去去，每個人都從一個位置離開、然後往下一處走去。儘管有時候我們不知道下一站在何方，但是邁出去的腳步不會停止。正因如此，我習慣了離別。我並非毫無感觸，只是多半選擇放

二〇二〇年三月中職召開防疫會議。

在心底沉澱，而非脫口而出。這樣的習慣，就好像在土裡埋顆種子，讓它隨著時間自行發芽，等待某日回首，只會看見一片美好的蔥綠。

但我妻子就不是這樣的人，她總是坦率分享自己的心情——也因此充滿感情的她，非常害怕道別。因為不確定自己將在臨別的場合上迎來何種情緒，她對是否該出席二〇二〇年的中職員工旅遊，遲疑不決。當時我已準備卸任，很快將不再具備會長的身分。究竟這群可愛的中職夥伴們，會以什麼樣的心情前來參加這最後一次的員工旅遊？對我們夫妻來說，就好像拆開一只封包了六年的禮物。我們不知道裡面是驚喜，還是意外的感傷。

任內最後一次和團隊共同出遊，此行之於我，彷彿一趟畢業旅行。在這之後，即將與大家告別。當時的情緒，確實帶著些許感傷及不安。學校的畢業旅行，是眾人分道揚鑣，各自前往下一站，但在這次的旅行過後，離開的人卻只有我一人。我能理解妻子的反應，她是個情感豐沛的人，我同樣擔心她因為員工們的冷淡反應而受傷。

再者，這一年並不平靜，所有團隊成員都因為疫情之故，承受極大的壓力，有些人在提出辭呈後接受慰留，繼續協助聯盟度過這段艱苦的時期；有些人則在面對多如牛毛的事件時，忙中出錯，因此遭受處分。在經歷這麼多壓力和波折之後，想避開與

工作有關的一切，亦是人之常情。

然而，他們還是來了。

他們將如何看待我這個卸任在即的會長？我不知道。是一切如常，或者不同以往？在政界磨練過這麼多年，我和我太太早已習慣人情冷暖，即使在乎，也訓練自己要平心以對；即使難免受傷，依舊相信人性溫暖。

只不過妻子的害怕和不安，在和大家見面的第一秒便煙消雲散。他們仍像以前一樣，開心和我們打招呼。雖然戴著口罩，卻還是可以從他們彎彎的眼角看出滿溢的笑容。夥伴們並沒有因為我即將離開，而表現出絲毫不尊重，我依舊是那個過去六年和他們相互傳接球的吳志揚。拿掉「會長」這個職稱，也許讓我們之間的相處更加自然。

到了晚上餐聚，原本妻子擔心氣氛會很冷清。畢竟在防疫的要求下，現場可能熱絡不起來，一群人或許安靜低頭吃飯，懷著各自的心事，就這麼匆匆結束這場活動。結果再一次出乎她的意料。當晚酒不夠喝，叫了一瓶又一瓶，外頭氣溫很低，室內的六桌人卻是興高采烈，看得人心都暖和起來。席間我們還頒發了現金獎勵，給今年防疫有功的同仁們，大家彼此開著玩笑，再一次將熱烈的氣氛加溫到頂點。

我轉過頭，看了妻子一眼。我想，她了解我的意思。我是在對她說：「別怕，他們都還是他們，一切並沒有改變。」而她也回望了我，給了我一個笑容。

晚餐過後，這群人還意猶未盡。幾個大男生說要續攤去看電影，拉著我們夫妻去看《孤味》。妻子對此啞然失笑，心想這群高大的男人們，居然邀請她一起去看一個單親媽媽帶著三個女兒的故事，這反差實在太大。當下我心想：這就是我們一路以來的寫照。我一個律師出身的政治人物，進入這個棒球的大家庭長達六年，箇中滋味不僅只我一個人品嘗，一同工作的團隊同樣冷暖自知。他們該如何面對我的要求，又該如何達成彼此共同設定的目標，當中的「孤味」，未曾全心全力投入其中去經歷一切，很難真切地體會。

珍藏這顆六年的時空膠囊

這一夜，在如此的思緒中度過。正如之前所述，我不是一個容易感傷的人。這些感觸，也都是和妻子聊天時才恍然發覺。法學的訓練和行政的歷練，讓我習慣保持冷靜和理性，好讓自己能做出最佳的判斷與決定。於是，我天性中原有的柔軟也隨之被

忽略和壓抑。然而在面對這群並肩工作六年的夥伴時，要想不帶感情地看待他們，卻是難如登天。

這趟旅行的最後一站，來到噶瑪蘭酒廠。望著這間酒廠，便想起接任的第一年曾帶著這裡出品的雪莉桶威士忌出國，贈予世界棒壘球總會的法卡利（Riccardo Fraccari）會長作為見面禮。身為世界棒球領袖，這位義大利人對台灣棒球帶著相當友好的感情。後來他和我分享，自己非常喜愛那瓶我送給他的噶瑪蘭威士忌，這也成了我們的默契。日後每回見面，我都不忘帶一瓶給他。

結束第六年的員工旅遊，當同仁搭乘遊覽車緩緩離開酒廠、動身返回台北時，

二〇一七年訪歐時贈送「不斷象棋組」給世界棒壘球總會的法卡利會長。

我和妻子站在路邊目送他們離開。我們就像日本溫泉旅館的服務人員一般，揮手向這群可愛的客人道別。車上的他們，全都擠到同一側的車窗，向我們揮手回禮。

當時，妻子在我耳邊輕聲問道：不知道正在揮手的他們，是不是真心地笑著？他們會帶著些許不捨嗎？我無從得知，這樣的問題也沒有答案。但由於他們讓我感受到真切的溫暖，我相信彼此的往來，皆出自真心。回想這六年的員工旅遊行程，我們從桃園出發，前往台中，接著出國繞了一大圈，最後返回宜蘭。這就像是畫下一個圓，在我們抵達終點時，一起又回到了出發點。

疫情的重創，將我們過去六年投注在員工旅遊升級的努力打回了原形。然而，和他們攜手走過這段歷程，看似相同的事物，其實早已不再一樣。這六年的員工旅遊，就像傳接球熱身的過程，一開始距離很近，投球者球速緩慢、接球者小心翼翼；等到逐漸熟悉彼此，彼此拉開距離，球愈丟愈高，速度愈來愈快，但卻能牢牢地接住，再回傳給對方。待傳接球即將結束，彼此會為了收操愈靠愈近，直至面對面，親手將球放入對方的手套，一起邁向下一場練習。

回顧我們共同經歷過這個過程，儘管旅遊的地點由近到遠，但彼此的距離卻由遠到近。手心裡因為接球而提高的溫度，依舊存在。我揮著手，回憶過去相識相處的過

程，心裡確實對這群夥伴依依不捨。

望著遊覽車遠去，妻子轉頭問我：「接下來呢？回家嗎？」我看著她，微笑點頭。忽然想起剛才拍攝團體照時，她跑去向負責攝影的同仁松哥索取相機。松哥是中職負責攝影及記錄的專屬攝影師，平常都由他透過鏡頭記錄聯盟的大小事，我們的每張團體照幾乎都由他掌鏡。妻子打破了這個慣例，她總是在松哥拍完照後，跑去將他手中的相機拿來，邀請松哥入鏡和大家一起合拍一張。

「照片裡如果沒有你，就不算團體照了。」她說。

六年來，每一張有松哥的團隊合照，幾乎都是她拍的。我的身邊因為有她，團

二〇二〇年我任內最後一次的員工旅遊，在宜蘭留下難忘的回憶。

體照才能完整。這些年她陪了我走過許多地方，在回程的車上，妻子問我：

「我三十幾歲就做了縣長夫人，每年陪你參加縣府尾牙聚餐；到了四十幾歲你當了會長，我還是陪著你參加每年的員工旅遊。我馬上就要五十歲了，請問吳志揚先生，接下來你要做什麼？你又要帶我去哪裡？」

當時我心裡的答案是：無論下一站去哪裡，我都會帶著妳。

即使這句話沒說出口，但對我來說，人生路上擁有妻子的陪伴，已經是無法割捨的重要。正因為她先前對第一年員工旅遊的地點如此驚訝，才讓我起心動念、想改變聯盟既有的框架；而她對這最後一年

人生路上若無感性的妻子陪伴，許多感觸將不會如此深刻。

的氣氛如此擔心，也才喚起我對這群夥伴的特殊情感。

由於妻子的陪伴，我所經歷的這一切，才能像是擁有一位專屬攝影師般，透過她的雙眼記錄，留待日後成為夫妻兩人回憶過往的內容。這第六年的宜蘭之行，就像顆時空膠囊，讓我們一起倒帶瀏覽這六年來的種種。

在離別之際，我感受到中職夥伴們的真性情，不曾因為我的離去而改變。包括我和中職員工在內的所有人，都因為這段相互的關懷而成長。在誠摯的交流中，我們也建構了一個貨真價實的團隊。

03

三成打擊率

Key Word 態度

面對失敗的態度

別害怕失敗和挫折，
因為這是球場上的日常。

在棒球的世界裡，能達到三成打擊率就代表他是一個出色的強打者。然而，從另一個角度來看，上場打擊十次之中只有三次能夠成功，這代表失敗率高達七成。這樣的高失敗率，居然還能做為一個成功的指標，該說棒球難度太高？或者棒球打法太妙？我想，兩者都有，而且這項運動的特色會讓人在面對生命中的失敗時，形成不同的態度。

棒球場上的打擊率，是一個失敗率遠大於成功率的統計現象，它提醒我重新審視「失敗」的定義。回憶年少時的我，眼中只有對於滿分的追求，少一分都代表失敗。這種追求完美的觀念，讓我吃了不少苦頭。

從小，我就是個完美主義者，對自己的要求很單一，凡事都希望做到最好。父母向來認為我是個聽話的小孩，課業從不用他們費心。母親只擔憂這個兒子成天埋首書堆，過於疲倦，沒把身體照顧好；我自己也認定了只要一路把書念好，似乎人生就沒有什麼其他的問題。

一切，到我進大學之後開始改變。

人生中的第一個大失敗

進入台大機械系後，我發現一切和我想像的有極大的不同。大一時接觸的課業內容，其實早在高中時期就已經接觸過，只是教材從中文更換為英文，部分概念觸及的層面甚至不若過去來得深入。當時，在我單一而規律的腦海中，開始浮現許多不同的新想法，彷彿一波又一波的大浪向我襲來，打亂了我既有的認知，逼迫我去尋找另一種新的秩序。

過去的我，只知道要做個好學生、在課業上尋求出色的成績，考取大家心目中的好學校。我一直以來的努力目標，其實是在完成旁人的期待，滿足大家對我的想像，對此我不曾心生懷疑、並認為自己就該如此。直到進入大學，我才逐漸明白這裡沒有什麼非得考取不可的目標，一切都回歸到自己身上。這是我第一次思考自己未來究竟該做些什麼？以我這樣的個性、興趣、能力和條件，什麼是我能做的工作？什麼又是我最感興趣的事情？

面對這樣的轉變，最初我是很不自在的。似乎長期以來的信仰，瞬間都失去了意義，一切都得重來。由於先前的規律和習慣全派不上用場，這讓我不得不從頭探索，

原有的自信也都消失殆盡。當下我只知道自己不想再繼續攻讀機械系，但仍無法確認喜好以及未來的出路。

對那時的我來說，原本穩定的世界開始出現強烈的震動。就像幼時學步，第一次放開原本被緊牽的雙手，對能否靠自己的力量行走充滿了不確定。過去我習慣照著已知的步驟前進，瞬間失去了方向感，這讓我非常不安。我發現自己過去努力許久才達成的目標，迎來的竟是不如預期的結果，彷彿依照設計圖開發出來的新產品根本不合用。如此的無奈與打擊，算得上是我人生當中的第一個大失敗。

為了尋找下一步，我開始四處旁聽不同課程。因為對人們的想法和感覺很感興趣，當時我考慮過心理系；另外包括歷史系甚至森林系等專業，儘管相互並無關聯，但是我仍然四處積極地參與。那段時期，我上了許多通識課，內容五花八門，包括昆蟲學、認識肉品、天氣與氣候等。這些課程對我來說，就像迴轉壽司餐廳裡形形色色的餐點，在軌道上任我取用。只要看到哪個有意思，就伸手將它取下試試味道，若不合意便再拿下一個，體驗不錯則繼續拿類似的。我不見得喜歡每一堂課程，但卻也經常遇上驚喜。比方台大有個檜木做成的教室，能夠在裡面上課可謂絕佳的享受，第一次踏入時真是大喜過望。如果不是到處去聽課，我也不會有機會走進這間充滿了森林

氣息的奇妙空間。人生就是這樣，我同樣不曾想過自己有朝一日將擔任中職的會長。就像打者上場打擊，不會知道自己接下來面對的是什麼樣的球路，而這一球打出去之後，又將迎來什麼樣的結果。即使我喜歡棒球，也難以預料這項運動最終將帶領我走向何方。

那時，在我旁聽修課的嘗試裡，超過半數以上都是失敗的。我找不到適合自己的道路，但還是繼續往下走。我就像場上的打者，就算這次打不好，只要沒被換下來，就是繼續上場打擊。我就這麼持續反覆嘗試，找尋著自己喜歡的方向。過程中確實遇到了很有意思的選擇，但總覺得還差了一點什麼卻難以言喻。這樣的心情和挑選衣服相似，有些款式確實好看，但穿在自己身上總感覺不對勁——這不是衣服的錯，也不是我的問題，我們只是不合拍而已。

直到旁聽了法律系的課程，我才真正發現適合自己的「那件衣服」。

那是王澤鑑教授執教的「民法總則」。在聽了王老師的講課後，我發現法律的思考方式和自己腦內的迴路相當契合。過去高中時的我會想主修機械專業，是因為我認為世上的客觀現實，皆存在著一個定理，依照這項規律去做就能得到一致的結果。只消把機械的零組件照著已知的規則、正確地組建起來，它們就會發揮出一定的作用。

我對人的心理也一直感到好奇：不同的個體有不同的想法，因而設計出相異的機械；即使將機械製作出來了，要怎麼使用這個機械終將因人而異。我腦子的思考迴路就是這樣，渴求著一個實用的客觀規律，但也期待人的主觀意志所帶來的意外和例外。

法律便是這樣的一門學問，它擁有一套完整的客觀體系，包括可供依循的定理和規則，能幫助大眾去面對複雜的人世。這讓法律變得非常實用，可依照既有的規範來處理合約和制定標準，並且為人跟人之間的各種關係所產生出的問題，尋求解答。以購屋為例，當你和原來不認識的前屋主發生了前所未有的關係，這層新關係所面臨的第一個挑戰，就是你們接下來該怎麼做才不至於發生糾紛，於是才需要簽訂雙方同意的合約。前人累積的智慧所形成的合約規範，能夠讓發生問題的可能性降到最低。而一旦發生問題，法律也能協助提供解決之道。

後來的我也因為法律，與許多人的生命交錯。相遇的當時，多半是對方亟需幫助的片刻，因此都建立起患難與共的情誼。這樣的美好，對於大學時期站在十字路口的我來說，還未能領會。在當下我知道自己找到了方向，那股「就是它了」的篤定感，在一瞬間讓我做出轉往法律系的決定。

面對失敗，要保持彈性

和球場上的打擊相似，三分之一的成功機會已經難能可貴。而面對另外兩次的失敗，我抱持的態度是要能從失敗的谷底反彈。這樣的彈性，對我來說很重要。

很有意思的是，許多時候我們之所以失敗，正因為失去了彈性。比方說，眾人合作一個案子，若主事者的意見太強烈、不願接受團隊中其他成員的想法及建議，心中只有零或一、「My way or the highway」的時候，他就失去了彈性，這個團隊的合作氣氛也已不復存在，案子很可能以失敗告終。

當年我花了這麼多年的努力才考上機械系，結果卻發現不適合自己，確實算是一種失敗。然而，認清現實的我，下定決心轉系，從頭來過——這是我面對失敗時所展現出來的彈性。如果我死守著機械系不放，未能給自己一個承認失敗的空間，並嘗試反彈上來，或許我的人生就得一路失敗下去。

只不過，要訓練自己的彈性，也得從挫折中開始。

我第一次看了心理醫生

我在機械系準備升大三那年，降轉至法律系，從二年級開始重新讀起。由於此前念書都是我自己的事，在做下轉系的決定時，身邊並沒有商量的對象，父親抱持著「你知道自己在做什麼就好」的態度，母親只擔心我累壞了身體。然而，儘管我生理上沒什麼異樣，心理方面卻出現了問題。

當時面對轉系後的第一個期末考，我用盡全力準備。畢竟降轉法律系是我自己的決定，為了替這個決定負責，這次期末考我有輸不得的壓力。過去在機械系，凡事都有標準答案，不是對的就是錯的，不存在模糊地帶，這樣我反而好準備；但到了法律系可就截然不同，每一個案件從不同的角度解讀將得出不一樣的答案。況且這是我第一次以法律系學生的身分參加考試，會遇到什麼樣的問題，我根本難以預期。因此，我預先設想了所有可能的考題，再試著從不同角度，預擬最完善的答案。

我的念書方式始終非常自律，總是按部就班照表操課，為每個時段排定複習進度，直到清晨五點闔上書本後，休息一下就出門去考試。對我來說，念書的目標很清晰，準備的方式很單一，就是心無旁騖地做好時間管理。陳金鋒曾說過：「我寧願讓

成績在我身後追著我跑，我可不想去苦苦追趕著達到什麼成績。」就算當時年少的我聽到這句話，恐怕也做不到。因為我的求學生涯就是一路苦苦地追趕，全力以赴，去達到別人眼中認為的好成績。

那段時期由於太過投入，即使結束了某些科目的考試，思緒仍停不下來。大腦就好像電腦的CPU持續運轉，即使我閉上雙眼，腦子依舊處於開機狀態。晚上睡覺時，我甚至能清楚聽見戶外雨滴落在窗台上的聲音，一點一滴，清晰無比。

那是我人生中第一次去看心理醫生。因為我喪失了味覺，渾身不對勁，下巴甚至因為焦慮、無法完全打開，連咀嚼食物都成問題。回想過去，在面對困難的當下，或許我就是因為咬緊了牙關，所以才失去了彈性。一切終究得要放開了，才能擁有面對失敗的勇氣，也才有迎接成功的可能性。

期末考為期一週，直到最後一科考試前夕，我的身心狀態已經瀕臨極限，實在疲倦到無意赴考。對此父親逼著我出門，他說道：「你已經準備了這麼久，就給我去參加考試。就算坐在那裡畫漫畫，也要把考試時間用完。」他認為我平常不乏努力，即使欠缺複習，也不至於繳白卷。

那時我認定自己一定會考砸，但還是聽了父親的話去考試，現在回想起來，若是沒有去試試看的話，這一科一定過不了，這樣大學我就得念上六年。

不久後，考試結果公布，第一天我自認應答不盡理想的「民法債編總論」，居然拿到全班最高分，班上有一半同學得補考；而我不願去應考的最後一科「民法物權」，竟也低空飛過。一切都出乎我的意料。

許多年後，在台大法律系校友會的場合上，我和當時教授「民法物權」的劉宗榮教授夫婦會面，談及自己當年不想出門考試的往事。當場師母笑著說我太多慮，老師是不會當人的。我不禁啞然失笑，當時那麼害怕失敗、甚至一度想直接放棄，怎料問題居然並不存在？即使對自己的表現沒有自信，最終還是能繳出令自己意外的好成績。

生命中有很多事毋須患得患失，在當下只要盡己所能即可。就像我畢業當年就考取律師資格，但沒有考上司法官。其實面對這兩個考試，那時我的態度都一樣，就是盡力完成自己會的題目。考試結果雖然並不完美，但是，相較於司法官一途，律師的發展確實更吸引我，所以考上律師對我來說才是最重要的。對於我這樣的完美主義者來說，我開始學會接受不完美，去迎接更寬廣的下一個可能。

不完美，才能成就完美

我曾聽過一句話：「如果世界是完美的，它就不會完美。」（If the world was perfect, it wouldn't be.）這足以說明我前述的心情。儘管此話乍聽之下非常矛盾，但卻又真實無比。在一個完美的世界裡，理應沒有「不完美」存在的空間，但正因為它包容了不完美的情況出現，才讓這個世界變得完美。

這句話是美國職棒名人堂球員尤吉．貝拉（Yogi Berra）的名言。在洋基王朝創下五連霸的輝煌年代，貝拉是陣中的主戰捕手，生涯為洋基拿下過十三座冠軍的他，曾說過許多膾炙人口的金句。如果每一年都能奪得冠軍，那該是最完美的生涯，但即便洋基或貝拉也做不到這一點。人生就和棒球一樣，都有起落，不可能一路保持在高點。若無低潮時的挫折打擊，就不能深刻地體會到苦盡甘來時的成功滋味；若因曾經的失敗，就此否定一切，那麼人生豈不是難以翻轉？

擔任會長六年期間，我一直希望能擴充台灣本土的隊伍至六隊的規模。在尋找第五隊和第六隊的過程中，我們還來不及喜迎新球隊的加入，接到的卻往往是原有球隊欲退出的消息。以義大宣布轉手為例，當時若沒有順利找到富邦接手，中職可能連四

隊都湊不齊；而在味全確定加盟成為第五隊後，Lamigo 又將要轉賣給樂天，可能出現的第六隊也就此告吹。即使國外的澳洲職棒一度提交加盟申請書，甚至鄰近的沖繩也有意組隊來台參與中職，但結果都因為各種主客觀條件限制而無法實現。最終，在我卸任時，只成功完成了第五隊的擴編工作。若從結果來看，這是未竟全功的不完美。

但是換個角度改從過程來看，則一切仍是完美的。

因為經歷義大和 Lamigo 的退出，以及富邦、樂天的加入，聯盟在我的主導下，完成了增隊與球隊轉手辦法的制定，中職因應擴編和經營權變動所需的典章制度也就此完備。之後若有任何企業想加盟或轉賣球隊，都有明確的遊戲規則可以依循。而我們在進一步提升典章制度和比賽環境後，對國外球隊更產生了一定的吸引力。澳職和沖繩雖然未能加盟，但也為中職打開更多區域合作的機會，給未來更多的可能性。中職擴編至五隊規模，成功創造出過去十二年來不曾有過的局面，讓球迷能享有更多元的對戰組合，聯盟的新球季也出現更多話題和期待。若從三成打擊率的角度來看，對擴編的努力仍是成功的出擊。

在不完美的結果當中，仍有發現完美的可能。就算有缺點，也不要因此而全盤否定一切。人生中其實有更多事物就像棒球一樣，不會因為你上一次的三振，而影響到

你下一次的全壘打。縱然嘗試三次、只獲取一次成功，也不減損你做為強打者的事實。同樣的道理，即使在擴編為五隊的過程當中，遭逢兩支球隊退出、最後僅有一支新軍加入，但擴編的成果仍足以成為推動中職向前的力量。

成功的人經常不是贏在起跑點，而是贏在轉折點

在人生的賽場上，失敗乃兵家常事，被人領先超前亦層見迭出。如何在落後時，將領先的優勢給要回來，才是成功的關鍵。在棒球的世界裡，何嘗不是如此？一路領先的比賽最好打，但互相拉鋸的比賽才好看。

回首過去，我並沒有一路領先，總是和自己在互相拉鋸，生涯不斷出現轉折點。從一開始降轉法律系時就是如此，到後來也是一直轉換不同的方向。自哈佛法學院畢業歸國後，身旁就有許多朋友鼓勵我踏入政壇。當時的我認為自己並不適合，直到開設了律師事務所，實際執業後才發現自己對於現行法律有很多意見。與其在外批判，不如親身投入，因此才起心動念參選立法委員以參與修法。在這個職涯的轉折點上，我發現自己一個人的力量實在太薄弱，若有機會擔任行政職位，將能幫助更多的人，

這才往前邁進一步、決定參選縣長。其後卸下公職，我又再次不顧眾人的勸告、接下中職會長工作。回頭去看這一段歷程，我似乎從沒按照別人的期望行事。

撫心自問，自己絕非「為反對而反對」之人。回溯過往職涯之中所做的每一個決定，我只是想要去改變既有的路線，也努力去相信自己心裡的聲音。站在轉折點的當下，人或許會舉棋不定，但唯有繼續走下去，走到關鍵的那一步時才會知道：

「啊，原來這才是我想要的！」

然而，那些曾經的嘗試與走過的路並不會白費，所謂的失敗也並非沒有意義。就像十個打數裡，那七個沒有擊出安打的失敗都有其意義。正因為經歷過這些打不出安打的過程，才淬鍊出那三個成功的時刻出現。

失敗，只是成功的前奏。

04

四壞保送

Key Word 情緒

做情緒的主人

面對各種危機，
情緒管理才是對決時的勝負關鍵。

在棒球場上，出現四壞保送是常有的事。許多投手會對你說，相較於被擊出全壘打，他們更討厭投出保送。為什麼？因為這不但浪費了四顆球的力氣，還白白奉送對手上壘，讓對方可以慢慢地走上壘包，連跑都不用。許多教練也告誡投手不要保送，並且將四壞球視為情緒的指標。如果出現連續四壞球，就可能代表投手的情緒不穩，球開始壓不下來。控球和控制情緒，經常是一體兩面。

此外也不乏無法控制情緒的投手，在被轟出全壘打後，面對下一個打者立即投出保送。或許是因為不久前才挨打，他可能覺得懊惱，腦子裡反覆想著剛才的失投，責問自己為何表現不佳，最終不能專心面對下一棒；又或者是他感到害怕，擔心再挨轟，於是投球心態變得閃躲，不敢正面對決。無論受到何種情緒影響，都將導致每況愈下。倘若投手保送一名打者，其後情緒愈加不穩，接著又連續投出四壞球擠成滿壘，將形成更巨大、更難以面對的失分危機。未能及時處理一個落石般的小問題，就有可能惡化成如同雪崩般的大危機——左右這一切連鎖效應的關鍵，就在於情緒的控制力。

人都有喜怒哀樂的情緒，伴隨自身遇到的狀況，自然而然地產生出來，那是再正常不過的反應。有些時候，這些情緒會強烈到讓人難以控制。無論在比賽中或是人生

裡，如此情況皆所在多有。尤其在危機發生時，人們更容易受到情緒波動的影響，變得難以鎮定。若想成功化解這些突發狀況，就得掌握技巧、學習在當下做情緒的主人，避免讓它占了上風，如巨浪般將你吞噬，進而摧枯拉朽造成更重大的傷害。

處理情緒，不等於解決危機；控制情緒，也只是為了避免製造出更多不必要的問題，讓自己能夠好好地面對危機本身，妥善地進行處理。

卸任的那一刻，回頭去看曾經的酸甜苦辣

在卸任時的中職會長交接典禮上，我心裡的情緒其實是很豐沛的。許多員工跑過來和我說話、向我道別、邀請我合照，都讓我感到溫暖。有些人還寫了小卡片給我，想讓我知道他們心裡的感覺。這些話，我都聽進了心裡。有人說，感謝我這些年來對聯盟同仁的關心及照顧，帶給他們許多美好的時光和回憶；有人說，謝謝我給予他許多磨練做事的機會，他會記得我對棒球的熱情，並將繼續堅守自己的崗位，也感念我在過去六年對於台灣棒球運動的付出與努力。

職棒記者的 Line 群組裡，許多朋友在我離去之前給我鼓勵。有位記者大哥甚至

和我開玩笑，說謝謝我在任內把他給「嫁」掉，旁人則起鬨笑說，如果將來我計畫出版回憶錄，「嫁掉」這位記者可別忘了列入重大政績；臉書上，球迷親切地留言寫到：卸任也算是就此遠離了是非謾罵的苦海，還了我一個公道。我看了這些溫暖的回應，回想中職這六年開心、生氣、難過和心酸的時刻，確實有了另一番深刻的感觸。

在這六年間，我的確遇到過不少問題。這些危機，更讓我也因此經歷過了不少情緒。成功解決危機固然讓人十分開心，但在解決的過程中被人誤解，亦不免感到憤怒。有時真心付出卻換來絕情對待，令人感到悲哀；有時努力的成果被球迷看見，則讓人甘甜在心；至於為酸民們的辛辣留言而苦悶，這樣的時刻也從沒少過。超過兩千個日子的喜怒哀樂和酸甜苦辣，確實是五味雜陳。

如何妥善處理伴隨每一個危機而來的情緒波動，是我在面對挑戰時，最重要的內在應對機制。該如何同時協助團隊的成員們一同度過情緒的紛擾、甚至出手化解團隊內部的衝突，也是我在進行危機處理時的關鍵工作之一。

情緒伴隨危機，接二連三

回憶過去六年，甫上任會長隨即接手處理賽事轉播的紛爭，其後還歷經義大和桃猿尋求轉手的衝擊，直到最後一年任期，意料之外的危機更是接踵而來。

面對轉播爭議時，我的情緒比較淡定。一來爭議發生在我上任之前，且與法律專業相關，心裡相對踏實許多。當時聯盟曾委託律師評估合約糾紛是否需要聲請跨海仲裁，而與此類似的法律意見書我曾接觸過不少，因此更能快速掌握其中的關鍵。由於合約簽訂時的準據法非為中華民國法律，仲裁地則位於新加坡，一旦要跨海進行商業仲裁，就得依照新加坡的規定和方式，並付出昂貴的訴訟費用。這將會造成「訴訟不經濟」，也就是訴訟成本和追回收益之間不成比例。

而且一旦進行仲裁程序，結果都會有不可預期的變數，若仲裁結果對中職不利，這個國外的判決，可能會反過來影響國內已經勝訴的判決。根據這樣的法律意見書及判斷，由我在領隊會議中向各球團代表清楚說明，再讓各隊回去和他們各自的律師討論，以做下最後的決定。我這個新會長，那時就像一部法律翻譯機，在領隊會議上與各方溝通，並取得理解及共識。

另外，先前為了解決斷訊問題所進行的安排，導致職棒例行賽節目的製作單位與轉播單位之間發生了衝突：轉播單位想自行製作，但由於先前聯盟出面簽訂的合約，製作和轉播必須由不同媒體執行。此時，我以過去律師的經驗，持續在各球團、製作單位及轉播單位之間進行調解，才讓各方達成共識，讓例行賽可以順利製作與播出，球迷也才能繼續收看比賽。

除了發生在我上任前的轉播爭議外，對我來說，二〇一六年球季中的義大轉賣事件，才是我上任之後面對的第一個重大危機。而它之所以棘手，是因為轉賣過程若不順利、無人願意接手球隊，中職的比賽隊數就會跌破最低值的四隊。不僅想擴編至五隊規模的成長計畫告吹，還得面臨是否熄燈的存續危機。

退場，就職業運動聯盟而言，或許不足為奇；然而對中職來說，球隊的退出之所以會引起波瀾，是因為我們的規模較小，在小池塘當中總是容易掀起大浪。以美國來說，球隊是以城市為駐地，退場有三種形式：一是搬遷到別處，二是易主，三是球隊解散；而以日本來說，除了極少數如廣島鯉魚隊是以市民球隊著稱的典範外，職業球隊絕大多數都以母企業為依歸，屬地主義是後來附加上去的行銷操作。退場則以企業轉手為主，只有少數球隊會搬遷主場，例如日本火腿鬥士隊原本主場設立在東京，後

來才搬遷至北海道的札幌。

台灣同樣以母企業為主。換句話說，企業若想退場，這是企業主的權利，中職沒有任何橫加阻攔的立場。然而，球隊退場對於聯盟的存續和運作會造成重大的影響，因此當義大突然公開宣布將尋求買主接手球隊，這個震撼彈一拋出來，就形成必須要妥善處理的經營危機。

面對危機，我必須先控制住自己的緊張情緒和震驚。接到消息時，我人在新竹球場，現場邀請到華裔球星林書豪開球，就在活動儀式結束前，我已經思考好接下來的步驟該如何進行。我當下的反應是一切要「快」，先和義大集團取得聯繫，隔天立即南下高雄當面會談，並且取得義大

二〇一九年底 Lamigo 桃猿由樂天接手，召開記者會宣布全新隊名「Rakuten Monkeys 樂天桃猿」。

球團的承諾，在新東家接手前，球隊將正常運作出賽，同時參與即將到來的年度選秀會。

速度，是做好風險控管的關鍵因素。如何在最短的時間內做出最冷靜的有效反應，是相當困難的判斷。因為當危機的全貌尚未完全浮現前，貿然出手可能會衍生出更多問題，而不做任何的反應則形同坐以待斃。所以我一定得出手，過程必須夠快速，目標也得要夠精準。除此之外，我還得控制好自己的情緒，才能冷靜地分析情勢，並以最正面的態度來解決問題。

經過分析後，我認為第一時間需要解決的問題，並不是去改變義大有意轉賣的決定，而是確保聯盟不會因為他們的決定

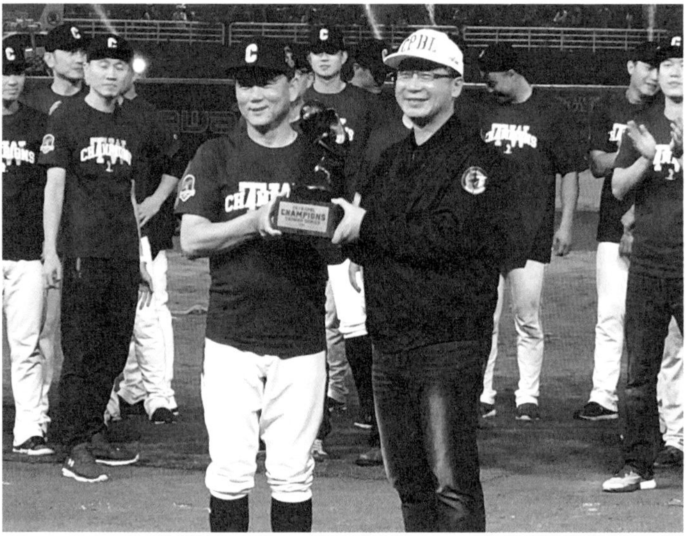

七年內拿下五座總冠軍的常勝軍 Lamigo 最終決定轉賣，令球迷相當不捨。

而遭遇到更大的危機。當時球季才進行到一半，所以我當下的目標只鎖定一件事，就是希望義大球團能在轉賣前維持正常運作。

義大想轉賣，是他的權利，而不讓聯盟失衡，則是我必須努力之處。在某個球隊成員決定退場之際，我得確保目前的賽季不受其影響，能夠正常地繼續進行，以保障球迷、球員及其他球隊的權利，同時也要尋找有意接手的企業。過程中，媒體和社群網站上充斥著許多情緒性的批判和評論，我必須確保自己能平心靜氣，和各方積極溝通。最終，義大信守承諾，仍正常經營球隊，甚至拿下了當季的總冠軍，富邦也順利接手球隊，危機圓滿解除。

過了三年，危機又起。二〇一九年剛拿下職棒三十年上半季冠軍的 Lamigo，正式對外宣布啟動轉賣程序，這支在七年內拿下五座總冠軍的常勝軍即將退出中職，球迷們的難捨之情可想而知。此事之於中職，倘若處理不當，又將是一大危機。只是經過上次義大轉賣的過程後，我們已經針對球隊轉賣和接手的相關合約細節，以及雙方權利義務的規定，在聯盟規章中做出明確且詳細的修訂。這也讓此次的轉賣程序能夠有前例可循，Lamigo 承諾將正常經營球隊，等待轉賣程序完成。時至九月，對外正式宣告球隊股權將百分之百轉賣給樂天集團，雙方代表及中職一同出席記者會，宣布

原球團的行政人員全數留用，未來也會留在桃園永續經營。

這次危機和前一次不同之處，在於即將加入的第五隊味全對此有所不滿。味全的情緒我可以理解，畢竟他們從無到有、重新組建一支職棒球隊，走過較為複雜的程序，從二軍打起才能重返一軍。相較之下，樂天透過轉賣就能接手一支戰力完整的強隊，還能直接從一軍打起。面對聯盟內部的情緒，我必須妥善地和各球團溝通，說明易主轉賣和新隊加盟採用的是不同的機制，也會面臨不同的規範。因為並非成立新球隊，因此樂天集團不受外資占比不超過四十九％的限制，只要其他球隊常務理事同意即可。加上樂天在台灣已經深耕多年，先前曾拿下非常難以取得的網銀執照，並買下一支體質健全的球隊，相對不必擔心他們是否永續經營的問題。透過明確的溝通和彼此的理解，最終讓聯盟內部達成了共識。

正當我們並肩走過這些轉賣危機，二〇二〇年準備要以統一獅、中信兄弟、富邦悍將和樂天桃猿四隊，正式展開職棒三十一年球季之際，未料一陣風雨緊接在後。年初一開春就遇上新冠肺炎疫情爆發，引發全球職業運動產業的惴惴不安。正式開打後，在上半季發生了「彈力球風波」，下半季則有「本壘攻防」的改判爭議。直到季末，「輸球反而得利」的賽制掀起檢討聲浪，球季結束後，自由球員與擴編選秀兩者

間又產生解釋上的問題。

各種狀況紛至沓來，問題一個接一個出現。在面對危機時，我的第一反應就是冷靜下來，協同聯盟工作人員一同解決問題。

當二〇二〇年初，新冠疫情在方興未艾之際，全球所有人籠罩在前所未有的恐慌之中，而聯盟裡也是一樣瀰漫著對未來的不安情緒：比賽能不能開打？開打若是造成防疫破口怎麼辦？若是有球迷、球員、或是工作人員因此染疫甚至死亡，聯盟扛得起責任嗎？這些對接下來情勢發展的不確定感，以及缺乏明確前例可循的不安全感，都讓一切充滿了緊張的情緒，給了我和聯盟工作團隊成員們很大的心理壓力。

身處在未曾遇過的疫情危機裡，領導者自己必須先鎮定下來。欲安定團隊的情緒，首先要讓他們知道會產生心情的跌宕起伏很正常，而舒緩恐慌的最好方式不外乎正面對決，著手擬定防疫規定及措施。

曾聽人說過「凡事應做最壞的打算，然後往好的方面想。」——這就是做好心理準備，然後抱持希望，盡力改善眼前的一切。那時才二月，我們已試著預想接下來可能發生的各種情形，嘗試釐清自己即將面臨的情況。特別是將疫情可能造成的最糟狀

態整理出來，如此一來便可避免漫無邊際地擔憂，也能理性地面對接下來的發展。一旦做了最壞的打算，團隊便能就此討論該怎麼做、才不至於讓惡夢成真，並且在能力範圍內，盡可能防範危機的爆發。於是中職很早就公布了相關防疫措施，快速成立疫情應變小組，固定召開內部的防疫會議。我安定軍心的方式，是讓全員開始動起來。只要知道自己是往解決問題的正確方向走去，我們就不會慌亂。

如果一開始同仁們就被恐慌的情緒打倒，接下來的危機應對極可能荒腔走板。

用實事求是去面對危機和情緒

至於職棒三十一年上半球季開打後發生的「彈力球風波」，和新冠疫情的來襲相比，又是另一種截然不同的危機和情緒。二〇二〇年球季官辦的二十場熱身賽，平均每場比賽兩隊合計得分近十五分，打擊率三成二七，每場平均出現三．三支全壘打。當時聯盟就已經將比賽用球送往台北市立大學運動器材科技研究所，依照ASTM美國測試與材料學會測試標準進行九項檢測，在結果出來後要求廠商改善，並在球季開打後進行第二次檢測[1]。

隨著上半球季進行，各隊打擊率及全壘打數持續升高，逐漸在媒體上及球迷社群間引起討論，質疑打擊數據上揚，是因為比賽用球的恢復係數過高所致，爭議也日漸擴大。聯盟在五月十八日公布兩次檢測結果都符合比賽用球的規定範圍（0.540～0.580），但數值確實偏高（0.574及0.571）。就在公布之後，聯盟官方臉書下方湧入許多留言，有人批評這是中職在打另類的假球，當中還有球迷要求會長秘書長辭職下台負責。

看到這樣負面的評論，心底確實激動而難受。然而，我們還是得冷靜情緒，針對質疑提出正面的說明，並且針對問題進行解決。當時聯盟與廠商簽訂的合約中，已載明恢復係數的「標準值」範圍為0.540～0.580，而先前在二〇一七年中華職棒球團代表會議中，則提出「建議值」為0.550～0.570。如果檢測數據在合約規定的標準值內、卻在建議值之外，廠商雖不算違約，但聯盟得要求其改善。

為了不影響比賽的公平性，我們不能在上半季進行時更換用球。對此，從職棒三十一年下半球季開始，聯盟要求廠商統一交付恢復係數在0.550～0.570之間的比賽用球，所有球面字體的印刷也由黑字改為藍字以資識別。九月二十四日則召開領隊會議，決定職棒三十二年比賽用球的恢復係數將中間值從0.560降為0.550，標準值

的合約範圍降為 0.540～0.560，並且取消建議值。

實事求是，照教育部國語辭典的解釋是「做事切實；按實際情況，確實辦事。」而在中職，每一項工作都是按著這樣的理念去進行。以比賽用球的爭議為例，一旦投打出現不公，聯盟就必須立即實事求是地去解決。問題的發生，不免伴隨情緒，但若是任憑自己被情緒捲入漩渦，放任負面的心情如漣漪般外擴，對一切皆無濟於事。

實事求是，從下面唸上來，就成了「是求事實」。新聞的報導是在追求事實，科學的研究也是在追求事實，而在聯盟裡的每一份工作也是如此。我們只要是根據事實去做，就能夠面對外在的攻擊，儘管面臨挑戰，也能平心靜氣地度過難關。

在披荊斬棘的過程中，聯盟的回應及作為有可能獲得認同、也可能招致批評、誤解和責難。在現今的網路世界，我和聯盟的工作人員們很容易就能看到這些來自球迷朋友的直接反應，當中部分文字非常傷人。儘管如此，我們仍需管理好自己的情緒，不能失控做出不當的回應，也不能衝動破壞既有的制度，獨斷而行。中職是一個團隊，我們必須按照規章，按部就班處理問題和危機。

我和聯盟團隊一同工作期間，態度相當一致，所作所為都以球迷、球員和球團為依歸，並尊重既有的制度。一旦發生了問題，聯盟就來解決。過程中如何專心一志，審慎避免受非理性因素影響，成為了我們攜手解決難題時培養出的默契。

遇到挫折不難過，關關難過關關過

在彈力球風波告一段落後，下半季出現了另外兩個危機：分別是「本壘攻防改判爭議」和「輸球反而得利現象」。前者在短時間內迅速升溫發酵，後者則是聯盟長期以來採用「上下半季」賽制所造成的特殊狀況。

在九月十日舉行的中信兄弟對樂天桃猿比賽中，六局下半桃猿陳俊秀衝回本壘遭到觸殺，在樂天提出輔助判決挑戰後，裁判認定中信捕手陳家駒阻擋，違反俗稱「波西條款」的本壘攻防規則，改判陳俊秀得分。對此輔助判決的結果，中信兄弟總教練丘昌榮上場向主審抗議。幾天後的九月十八日，兩隊的另一場比賽又出現「波西條款」的電視輔助判決挑戰，這次桃猿捕手林泓育並未因此被改判阻擋，也因此導致中信兄弟球迷認為兩次判決皆對同一隊不利。

直到下半季的最終階段，各隊為了爭取打進季後賽，競爭激烈。由於上下半季的賽制以及季後挑戰賽的設計，出現了「輸球反而得利」的現象。在十月十七日及十八日的兩場補賽，都是當時戰績暫居第三及第四的中信兄弟和樂天桃猿對戰，若桃猿想打季後賽，只能靠兄弟多贏球來爭取下半季冠軍，接著桃猿再靠全年勝率來打季後挑戰賽。運動彩券因此並未開盤讓彩迷下注，也引起各方對中職上下半季賽制的檢討。

針對這兩起事件，網路上都出現「聯盟偏袒桃猿隊」的聲浪，甚至有人影射我先前桃園縣長的背景，因此獨厚桃園的球隊。如此模糊焦點的說法，實在不可理喻，聯盟裡有些同仁為我抱屈。然而，過去從政路上遭受過的挫折不少。過去選舉落敗，謝票途中我總是平靜地安慰潸然淚下的支持者。這並不是因為我擁有強悍的內心、又或者故作鎮定，而是我一直維持著心的柔軟和彈性。

倘若我持續可憐自己、哀歎自己為什麼這麼倒楣，竟遇到這些事，那麼我的下一步將永遠跨不出去。正因為我在政治圈中經歷過風雨，也承受過打擊，更見識過人性中的險惡面，我對佛教觀念中的「無常」有很深切的體認，也已學會如何跨過情緒的障礙。在過往經驗的淬礪下，我更能代表團隊去承受那些負面的無形攻擊，好讓他們得以專心解決問題。

發脾氣是本能，壓抑怒氣是本事

曾在網路上看到文章說，面對情緒時，想要將脾氣宣洩出來，那是一種人類的本能。但在此同時，若能夠理性自持、壓下燃起的脾氣，那就是本事了。在處理上述兩大危機的過程中，面對席捲而來的網路留言及攻擊，我不斷提醒自己不該放縱本能、而應展現本事，也才不至於影響我們團隊的工作品質。

之後由於本壘攻防的爭議，有人開始討論「波西條款」的存廢。此一條款，是中職為了保護球員，並與國際職棒接軌而設立，用意是避免發生像大聯盟舊金山巨人隊捕手波西（Buster Posey）般，在本壘防守時因為激烈衝撞而遭受嚴重的運動傷害。若有人質疑判決不公，對聯盟的比賽陷入信心危機，我們不該陷入被誤解的氣憤，而應確保聯盟支持裁判，維持公正、獨立及超然的立場，才是化解危機的正道。

至於現行的上下半季賽制，確實可能出現「輸球得利」的特殊狀況。然而考量聯盟隊數較少，對戰組合不多，加上要避免單一賽季出現戰績落差太大、冠軍早早確定而形成「練兵」的情形，將減少對戰的吸引力及精采度。若是上下半季各有一次創造票房及話題的機會，對於各隊沉重的經營負擔來說，助益匪淺，也能創造出高度

的關注。因此，季後的領隊會議討論時仍然決議，即使第五隊味全龍加入戰局，中職三十二年仍將維持上下半季的賽制。

中職的規章，一直以來都在追求完善，希望能更符合現況及台灣棒球環境的現實需要。每一個規定的提出，都是基於讓環境更好的初衷。每一項規定皆有其利弊得失，也可能因此造成一些質疑和反對的意見。

舉例來說，先前討論多時的「羅力條款」於職棒三十一年通過：只要洋將在中職年資滿九年，即可視為本土球員，不占洋將名額。雖然富邦悍將的羅力（Mike Loree）當時一軍年資才滿七年，還需再投兩年才能被視為本土球員，但此一條款已被認為對本土球員的上場權益造成影響，而引起反對的聲音。

對來台多年的洋將來說，這項友善的新增規定則是對他們的鼓勵。雖然讓本土球員受到更多競爭上的壓力，但之於中職的環境和競爭強度，仍是一個邁向新時代的改進。日職對於非本國籍選手，很早就有滿八年即不占洋將名額的制度，當年我國的旅日好手郭泰源和許銘傑也曾受惠於此項制度。洋將對於中職比賽的品質有關鍵的影響力，若要留下優秀的洋將助拳人，聯盟在制度上確實需要為他們設想。至於這些制度帶來的負面效應，乃至於對聯盟相關人員造成的負面情緒，我們同樣必須努力化解，

才不至於造成重大的危機。

被誤解的時候最生氣

原本以為職棒三十一年的總冠軍誕生後，一切就已圓滿結束。不料自由球員市場開始，卻和擴編選秀產生了衝突。這一年，有史上最多的七人宣告行使自由球員（ＦＡ）權利。十一月十九日，聯盟人員解讀規章時，說明每隊最多能簽下兩名自由球員，而回到原球隊的自由球員不在此限。若依此說法，當時統一獅除了可以簽回該隊原來三名宣告行使自由球員權利的選手之外，還可以再另簽其他兩名自由球員入隊。這將會破壞自由球員制度精神，影響各隊戰力平衡，而此一「技術性宣告自由球員」的方式，也影響了將要在十一月二十五日舉行的擴編選秀。

此一季後自由球員規章的解釋，在聯盟發現不妥之後，立即做出緊急處理，相關人員也已自請處分。對於球員可能受到的衝擊，聯盟非常重視，所以同意所有申請自由球員的選手們能有多一天的時間考慮是否撤回，以維護球員權益。

中職自由球員市場相對較小，為了維持各隊戰力均衡，創造出對各隊及球迷最有

利的競爭環境，所以，中職的自由球員制度有其特殊之處。而中職三十一年球季結束後，因為有第五隊味全龍的擴編選秀，讓情況變得更形複雜。其實球員在行使自由球員權利時，雖然是在聯盟做出錯誤解釋之前，但我們擔心球員及球團也可能對規章有相同的誤解，才讓已提出的球員有撤回的機會。聯盟的制度必須為每一隊都做出公平的考量，這一年的情況，也可以做為日後繼續擴隊，以及持續修正自由球員制度的參考基礎。

在這次危機處理的過程中，我們依照聯盟的規章和領隊會議的共識行事，卻常被稱之為「滾動式解釋」，網路上更出現許多讓人難堪的言語譏諷。這些對聯盟的誤解，尤其是言語攻擊對工作同仁造成的人身傷害，往往令我氣憤難耐。身為佛教徒的我，實在無從理解最難消除的口業，為何總頻繁發生在現今的社會？為了發洩情緒而為的謾罵指責（惡言），一旦隨意脫口而出，就可能在未來因為業力，牽引人受果報，實在應當三思後行。有人曾經對我說，做一個好人要比做一個聰明人更難，因為聰明人多半都是天生的，但做一個好人卻是要自己做出選擇。我選擇做一個善良的人，盡量用自己最好的一面去對待這個世界，即使在面對負面情緒時也一樣。我們很容易會在生活中遇到一些可怕的人，或是待你不好的人。也曾聽人家講，誰能走進我們的生命，皆由上天決定，但要讓誰留在我們的生命中，卻可以由我們自己決定。

三年之後的成果驗收

組成最強國家隊，一直是我擔任會長期間的核心任務。過程中由於現實的狀況需要大量協調，因此許多人並不看好，甚至認為中職只是想瓜分更多中華隊的利益罷了。這樣的誤解讓人難受，畢竟從客觀層面上考量，當國家隊成員以中職球員為主時，讓更熟悉這些主戰球員的母隊及聯盟來進行組訓賽，才是最合理的方式。

如果你在網路上搜尋「吳志揚怒摔手機」，可能會查到不少二〇一六年的新聞報導。在當時體育署、中華棒協及中華職棒討論二〇一七年經典賽總教練的三方會議中，中職提出的總教練及承接經典賽業

二〇一九年第二屆世界十二強棒球賽現場，和棒球名門東園國小的未來球星相見歡。

務的一條龍模式都被否決，新聞報導說我因為感受到不被尊重、憤而摔手機離席。這樣的報導，無疑誇大了我當時的情緒——事實上我並未怒摔手機，只是提前離席以表達立場。

那時我離席的舉動，不只點出了當時中職面對的困境，也讓球迷們關注到這個議題。只可惜其中不少人仍認為中職只是有意奪權，想多分一杯羹，想做老大。面對這樣的質疑，所有中職員工的心裡確實很不好受。然而進度仍需持續推進，三年之後的二〇一九年十二強賽就是第一次實現由中職進行一條龍組訓賽的試金石。若拿不出戰績，事後的批評聲浪還會更高漲。

二〇一五年第一屆世界十二強棒球賽，我在現場吹奏薩克斯風應援！當年中華隊排名第九，四年後我們衝上了第五名。

面對比賽，壓力最大的就是球員和教練，場邊看球加油的球迷也同樣緊張。然而，我從沒想過和自己一起工作的中職同仁，在觀看國家隊的比賽時，除了壓力和緊張外，還抱持著更多一層的在意。最終，中華隊在不被看好的情況下，以七比〇完封韓國。我當時人在現場，雀躍萬分，終於在積壓三年後喜迎一次痛快的抒發。

直到現在，我還是偶爾會去網路上找這場比賽的精華來看，一次看完二十七個對手的出局數。或許因為曾經辛苦地付出，因此豐收的果實才顯得格外甜美。我們堅持的組訓賽方式，不但獲得實質的回報，更證明這是一個有效的方式，能為教練、球員和球迷帶來絕佳的體驗和成果。

透過手機的 Line 群組，不時收到各方親友分享的訊息。儘管無法確定故事是否為真，但我總會對當中某些字句，心有同感：

有人問畢卡索：「你的畫怎麼都讓人看不懂啊？」畢卡索反問對方：「你聽過鳥叫嗎？」對方回答聽過，畢卡索又問：「你覺得好聽嗎？」對方回答：「好聽啊！」最後畢卡索再問了一個問題做結：「那你聽得懂嗎？」

不知道這個故事是真是假，但是這個故事讓我聯想到的，卻是另一種真實。面對

自己不理解的事物，我們該做的或許是試著欣賞它的美，而非急於為它下定義。這可能是最能夠輕鬆領受美好的方式。也許畢卡索的反應，僅是後人杜撰出來的故事，但卻很容易從中得到一些改變情緒的力量。當你所做之事遭人質疑、所說的話被人攻擊，其實都不會改變你的本質，你仍是你自己。我們也許無法像這故事中的畢卡索，反問到對方啞口無言，但總是要認知到，就算你再成功，也依然會有質疑你的聲音。

重點不是在讓人不質疑，而是自己該如何面對質疑。

這些思考，一再提醒我在面對危機時，該如何管理好自己的情緒，才能贏來成功。我咀嚼著這些話，從中得到啟發和力量。

---

1 中華職棒官方臉書報導 https://www.facebook.com/heartbaseball/posts/3030868753617234

05

五環與五隻羊

Key Word 定位

從內到外，環環相扣的連鎖效應

中職的國際定位，
就是讓台灣成為區域合作的領頭羊！

人生不見得只有一種經營方式，正如同棒球不僅限單一打法。而經營職棒聯盟，也和棒球本身一樣，需要廣角打法，全方位開發各種可能性，這樣面對不同方向的來球，才能夠全線出擊，努力消滅構不著的死角。

一個企業的定位，是要在競爭中找到自己的位置。而中職的定位，則是在與其他競爭對手相比時，更能創造出多方合作的契機。多方合作，正是我認為經營中職所需要的「廣角打法」。

五環體現了中職經營的廣角打法

5這個數字，對中職來說有一層被格外賦予的意義。接任會長以來，我心中一直有三個核心要務：第一是深化球迷，第二是擴大規模，第三是強化國家隊。連任之後，我想在第二個任期持續進行這三項核心任務，於是我指派一位副秘書長籌辦中職三十週年特展，做為深化球迷的基礎；同時要求另一位副秘書長負責起草新球隊加盟辦法，做為擴大規模的根據；最後是要組訓最強的國家隊，這就是由球員出身、最了解組訓後勤需要的秘書長負責。

在我首任任期結束前，就有意要將下一任期的工作目標確立清楚，於是確定連任那天，我們在二〇一八年會員大會暨理監事會上，提出「中職五環」的聯盟核心價值：分別為「基層」、「訓練」、「商業」、「國際」和「友誼」，目的是要確立中職的經營定位。事實上，五環的內容一直是我的理念。在此之前，我已要求聯盟的作為必須「跟國際接軌，和基層連結」，其後正式提出五環的理念，是要讓大家共同的目標更為明晰，也讓聯盟的定位更加全面。

針對第一環的「基層」，是要為中職打底。從基層的二軍、業餘和學生棒球開始逐層扎根，因此我們舉辦了二軍、業餘成棒及大專球隊的對抗賽，透過交流厚植

二〇一九年中職舉辦專業裁判訓練營，共計有三十餘位受訓學員領取結業證書。

職棒的實力，同時也持續基層回饋列車，將中職的能量輸送到地方，來支持學生棒球與社區棒球的發展。在「基層」這一環，中職定位自己為台灣棒球社群的合作夥伴，透過最頂層的職棒，把整個台灣棒球壯大起來。

至於第二環的「訓練」，則是針對聯盟體質進行持續的強化及改善。舉辦投手營、打擊營、教練營和裁判營，讓所有從業人員的整體技術能從不間斷的訓練中，獲得提升。我們邀請了因協助王建民重返大聯盟而聞名的美國佛州棒球農場來台講習，也和美國專業團隊合作打擊魔法學校。這些針對球員而設置的營隊，不只是現役的球員會來參加，就連已經在擔任投手教練及打擊教練的退役球員也會加入。

二〇二〇年中華職棒二軍交流盃賽，總計十支隊伍參賽，盼達到職棒、大專棒球、業餘成棒三方交流的成果。

一如舉辦教練營時，某些現役的明星球員也會前來參加，他們都是為了自己的當下和未來做好準備。此外，中職還籌辦了裁判講習會，邀請日職資深裁判來台強化師資陣容，目的就是希望這些營隊能全面提升國內棒球界的技術。在「訓練」這一環，中職把自己定位為一個持續學習的專業聯盟，不斷強化旗下球員、教練及裁判的能力與水準。

第三環的「商業」，則是要回歸中職的職業運動本質。只要球團能賺錢，就有機會提升選手薪資。注重商業，也就是強化獲利能力，而想要獲利就必須鼓勵大家去創新。比方每一屆明星賽都要有噱頭，熱身賽也開放轉播，即便是觀眾人數不多的冬盟，也該讓國外的選手看到中職認真行銷的能力。而三十週年特展的舉辦目的，則是要將中職的歷史有技巧地介紹給這一代的球迷。我們期許聯盟不只是「辦比賽就好」，而是要「把比賽辦得更好」。為了把市場的餅做大，擴編至第五隊甚至第六隊，成為了我們的主要目標。在「商業」這一環，中職把自己定位在靈活的商場競爭者，面對市場的需求，必須迅速有創意地給予回應。

第四環的「國際」則是與各國職棒保持密切交流，從國際的裁判講習，到各國職棒新秀參加的冬季聯盟，所謂的國際化並非只是美式球風或日系應援而已。冬盟曾於

二〇一四年一度中斷，但它確實是個良好的制度，因此在我上任後隨即恢復舉辦。事實也證明，中職對於國際棒球圈確實有所貢獻，各國在空窗期間，確實有需要讓二軍陣中的頂尖新秀，有機會打更高強度的賽事，結果許多來台灣打過冬盟的新秀，後來也很快就在其母隊嶄露頭角了。

確保上述賽事順利進行的關鍵，莫過於勞苦功高的中職同仁。他們在結束一整個球季的比賽後，還得於休季期間舉辦參賽隊伍較中職更多[1]的國際級比賽。在他們的努力下，冬盟賽事已經受到世界棒壘球總會認證，中職的國際地位也因此獲得提升。在「國際」這一環，中職把自己定位為一個能合作的好朋友，積極和其他四個國家的職棒聯盟維持互動，並能從中獲益。

第五環則是「友誼」。中職到哪裡都需要廣結善緣，台日交流賽及亞冠賽都是國際友誼的表現。以上五環有相互交集的部分，亦能彼此支援，互為表裡。為基層提供訓練的能量，就是在培養在地的友誼。在訓練的過程中，還可納入國際化的師資及技術。而在追求商業價值的同時，其實也建立起了深厚的國際友誼。無論國內外，中職與其他組織相比，更能創造出多方合作的契機，從內到外，這五環的定位，環環相扣，發揮出加乘的連鎖效應。

中職的定位，就是要做區域合作的領頭羊

5這個數字，對我來說還有多一層親切感。由於姓名的緣故，我經常被人暱稱為「五隻羊」。就像許多人因為自己的生肖或星座，對某些動物產生感情，儘管我的生肖屬雞，但「五隻羊」這個綽號跟隨我多年，也對「羊」倍感親近。

無獨有偶，在中職的區域合作和競爭中，也有包括美職、日職、韓職和澳職在內，交流機會頻繁的五隻羊。這五個職棒聯盟，彼此存在著既競爭又合作的複雜關係。如何透過中職五環的理念價值，去持續促進這五個職業聯盟的合作與交流，是我就任會長這六年來的重要目標。而靠著前幾任會長奠定的基礎以及同仁們的專業支援，中職在東亞的區域合作上，可說是扮演了領頭羊的角色，也成為中職在國際上的明確定位。

放眼世界職業棒壇，擁有職業球隊的國家很多，在亞洲、歐洲、中南美洲及加勒比海國家也都有職業或半職業的聯盟存在，而以過去的經驗來看，由於地緣關係和歷史文化因素，中職與美職、日職、韓職及澳職的合作關係可說是最為密切。

將「中華職棒大聯盟」視為一個運動品牌來經營，並非什麼創見，而是長期以來中職努力的目標，差別只在方向和經營的方式有所改變，以及每個階段中職所面對的競爭環境和品牌危機不太相同而已。

在假球案紛傳的年代，中職品牌的最大危機在於可信度。就好像標榜原汁原味的知名飲料中摻了水，消費者在對中職的主力商品失去信心後，便不願繼續購買而造成票房及收視下滑。對當時的中職來說，首要任務就在於重建可信度。這個過程，需要時間也需要方法。所幸在眾人的努力下，球賽的可信度逐漸提升，在我擔任會長的六年間，未曾有假球案重現。

然而，不再有假球案的中職，還得面對世代交替及區域競爭下，所形成的品牌轉型壓力。這種全新的品牌危機，肇因於新一代消費者在空閒和時間的分配方式上，已經和過去截然不同。無論是誰，一天都只有二十四個小時。扣掉上班和上學，所剩下的空閒時間並不多，但是消費者能選擇的娛樂活動，卻遠較過去豐富。中職的競爭對手不只是其他運動，而是其他娛樂形式。中職的比賽該如何吸引收視？這個問題，在電視收視率連年下滑的情況下，變得更加關鍵。

至於區域競爭，則是在同為職業棒球的場域裡，中職該如何與其他財力資源更豐

富的職棒聯盟競爭。關於這一點，受限市場規模的中職，確實找出了競爭的策略和定位，那就是以合作取代廝殺。

中職的比賽和球員，一直都有往海外輸出。像是中職在二〇二〇年新冠疫情來襲時，搶先全球開打，並且以雙語轉播，讓許多國外的球迷看到中職的比賽，就算得上是近年來成功逆輸出的案例之一；從中職走向國際的傑出球員，包括二〇〇九年成功挑戰美職底特律老虎的倪福德，和二〇一八年經由入札制度前進日職北海道火腿鬥士的王柏融，也都可謂中職球星旅外發展的典範。

在此之前，中職的比賽若想向外擴展至其他海外市場，非常困難。各國職棒在海外市場的經營，經常透過招攬其他國家的球員來進行推廣。例如先前味全龍投手王維中，曾經在韓職NC恐龍隊出賽，當時就曾為韓職在台灣打開了一扇窗；而之前台灣眾多的旅日球員及旅美球員，也分別為日職和美職成功拓展在台收視基礎。但這樣的海外推廣模式，卻鮮少在中職出現。在資源有限的情況下，中職引進的洋將外援多半不是國際知名的大球星，所以不具備吸引海外觀眾收看中職賽事的影響力。

面對這樣的現況，中職所做的是對外保持開放的心態，與其他國家、地區的職棒聯盟及棒球組織密切接觸，逐步擴大互動的頻率和層面，穩健地透過區域合作，以奠

定良性的海外競爭基礎。舉例來說，在澳職一度希望能組隊來台加入中職的時候，我們積極評估，為雙方尋找各種參賽的可行方案。至於臨近的沖繩，則感謝兩地許多熱心人士的奔走，努力促成當地球員組隊加入中職，並在沖繩建立自己的主場。像這些區域合作的提案，都為中職帶出了前所未有的海外拓展契機，即使當時因為合作的細節與難度，讓相關規劃暫時無法進一步實現，但足以看出這個區域合作的方向是大有可為的。

在過去幾年間，中職以冬季聯盟做為區域職棒聯盟交流的基礎，二〇一七年與日職、韓職合辦的亞冠賽也是出於相似的規劃。中職不以營利為第一優先考量的合作模式，確實在這五大職業聯盟中找出一個可能。論規模、營收及歷史，中職在五大聯盟中只領先澳職，但由於中職展現出的彈性及合作意願，讓我們成為區域合作的領頭羊。

冬盟，是體現中職國際定位的標竿

做為一位領導者，很容易在各種實際的例子中發現「領頭羊」的效應。從正面的角度來看，若一個組織能率先做出決定，在某一個行業、區域或市場中成為創新的領

先者，整個羊群就會產生從眾效應，開始模仿領頭羊的舉動，隨其一同前進。中職率先在東亞棒球圈推展的區域合作，就是想要創造這樣的羊群效應。

不可否認，日職深厚的棒球歷史和資源，讓他們在亞洲棒壇領先已久，而新興的韓職挾著強大的企圖心與創新的行銷推廣，亦不斷挑戰日職的領導地位。與此同時，強勢的美職持續開發亞洲市場，這三強之間的區域競爭，可以說對中職產生了很大的壓力和影響。對中職來說，我們要扮演領頭羊的角色，就應該在區域合作的概念上開創出一條新路線，而冬季聯盟就是我用來體現中職國際定位的新標竿。

在我上任後，隨即爭取續辦亞洲冬季棒球聯盟。冬盟是前任會長的創舉，但在舉辦兩屆之後就中止了，確實很可惜。對於這樣好的政策，我希望能延續下去。過去擔任縣長期間，我的習慣就是以政策為核心進行思考：只要是好的政策就該沿用，而不要浪費時間金錢去打造一個全新的計畫，結果其內在本質仍然依舊。這樣對推動聯盟的持續發展沒有好處，只是如折返跑一般，拖累了前進的腳步。

之所以計畫恢復冬盟，起因於上任之初受邀前往日本東京、與全球各國棒球領袖的會面。身處在那樣的國際場合中，不禁讓人思考，究竟台灣之於國際棒壇的地位在哪裡？我們又該扮演什麼樣的角色？我並不是想強勢地和它人爭奪地位，而是希望將

中職在國際市場的目標和定位確立下來，在合理的範圍內，達到我們能企及的高度與能見度。

那時，各國棒球領袖談的是如何讓棒球重返奧運，這當然是爭取主辦東京奧運的東道國日本最念茲在茲的大事，然而世界棒壘球總會的法卡利會長知道，只靠一個國家的力量是不足以成事的，必須聯合各國棒球人士的力量共同推動。

因此日本舉辦了日本國家隊與歐洲聯隊的友誼賽，藉此一交流機會，廣邀各國棒球及運動界重要人士前來日本，讓他們看到歐洲棒球在國際對抗上的表現。那次比賽吸引了非常多的當地球迷入場，歐洲聯隊也取得了不錯的戰績，等於是讓歐洲棒球人士親眼目睹自家的棒球潛力。擁有好戰績，有助於肯定自己國家的球隊，具備在國際賽事中和傳統棒球大國競爭的能力；而擁有好票房，則讓他們對棒球這項運動未來的市場發展，更具信心。

舉辦這樣的交流賽是一項具有明確戰略性的行動：比賽就是一個展示窗口，讓世界看到棒球的可能性，進而促進國際人士支持棒球重返奧運比賽項目。當時中職做為第三方被邀請前往，負責比賽的裁判事宜。近年來中職裁判的水準一直在提升，也不斷受到國際棒壇的肯定，這是中職值得驕傲的寶貴資產。這點也啟發我進一步思索：

中職還有什麼樣的資產，可以被國際棒壇看重及借力？

我認為台灣雖小，但在推動棒球重返奧運這件事情上可以有所貢獻，也就是這樣的一個念頭，讓我仔細審視中職在國際市場上的角色，並認為舉辦冬盟就是中職的一項國際性戰略行動。對此我並非將復辦冬盟與棒球重返奧運畫上等號，畢竟這兩者間沒有絕對的關係。只是在參與這次友誼賽的經驗之後，我開始從國際的角度去看待中職。這是一種「換位思考」，從國際棒壇人士的角度出發，去思考這些人會需要中職為他們做些甚麼。

從中職的國際戰略來看，冬盟是一個重要的舞台，也可以被發展為強大的策略

二〇一五年 GLOBAL BASEBALL MATCH，由日本國家隊與歐洲聯隊進行友誼賽。來自各國的代表齊聚一堂。

武器。中職需要創造自己的國際舞台。這就好像國際棒壇的各個大人物齊聚同一場牌局，在牌桌上，中職的口袋並不深、籌碼也不多，想要叫牌，聲音當然小，沒有足夠的影響力。在實力掛帥的國際競爭場域裡，中職得自己創造聲量，找出競爭優勢。而尋找這樣的舞台，也得檢視自身的條件和能力，同時進行成本及效益的評估，不斷修正以逐步達成一開始設下的目標。復辦冬盟，成了我的第一個嘗試。

審視中職的條件和環境，台灣的氣候在冬天可以舉行比賽，我們的地理位置對於主要參與者日韓來說，也在可以接受的移動範圍內。加上中職承辦比賽的能力，以及國內的硬體設施皆足以支應冬盟的需求，中職有機會做得到。

二〇一七年澳職執行長 Cam Vale 來台訪問，討論未來雙方合作的可能。

然而，有機會做到，和要不要去做，這中間仍有一段極大的討論空間。別的不說，光是經費一項就可能爭執不下、難有共識。很多人會問：「為什麼？」球迷會問為什麼要辦冬盟？球員和球隊也會問為什麼要在休季時舉辦比賽？就連我們自己的中職夥伴，也會質疑：已經辦完了例行賽和總冠軍賽，怎麼還有冬盟得舉辦？

我的角色是在為所有提出問題的人，盡力解釋冬盟賽事的定位，並且與工作夥伴共同找出達成目標的途徑，並提供解決問題的辦法。

復辦冬盟的決定，確實是有代價的。因為我不希望復辦只是虛應故事，先以「經費有限」為理由縮小規模，再演變為「有辦就好」的交代了事。我們必須拿出中職的「職業態度」。做為職業聯盟，中職主辦的賽事必須要有足夠的水準。從前期協調、外隊接待、賽程及場地安排，到賽事本身的行銷，每個細節我們都不能馬虎。中職的團隊理應展現職業態度，也有能力去實現自身運動品牌的專業定位。

過程中也有人質疑，中職為何這麼傻？想訓練自家的球員，何必花錢去邀請其他國家的球隊來台灣打球？我認為，從中職的角度來看，這樣的花費是一種必要的投資。冬盟不該淪為比賽辦完、預算花光就結束的活動。舉辦冬盟之所以被視為一種投資，是因為我們著眼的是它中長期的回報。其實才不到幾年的時間，在其他國家的棒

球行事曆上，中職的冬盟賽事已經占據了重要的位置。各國在球季結束之後，若是有比賽及訓練的需要，他們知道在台灣還有冬季聯盟的賽事可以選擇。

這就是我一開始所說的換位思考，從外國棒球人士的角度出發，去思考他們為什麼會需要中職。世界各國的棒球組織會需要中職為他們做什麼事，這就是我們在國際區域合作上可以著力的地方。中職的區域合作，也就在這樣的基礎上展開。

在世界棒壇上，中職一直與世界棒壘球總會及各國職棒聯盟保持密切的互動。會長的角色，則是在組織的正式交流當中，透過活絡人際之間的相處，來扮演一個正式合作關係的促進者。

透過各國球隊前來參加冬盟，能讓世界各國的球員驗證自己的實力，也可以讓並非傳統棒球強權的歐洲各國，看到棒球在自己國家的發展潛力。所以復辦冬盟的第一年，歐洲聯隊的邀請是我們的重頭戲之一。想要人家千里迢迢來台參賽，我們得提供給他們更多難以拒絕的理由。二〇一五年，在國內體育署的支持、日韓兩大職棒的合作，以及世界棒壘球總會的協助下，首度復辦的冬盟共有台、日、韓、歐及中華培訓隊等五支球隊參加，而歐洲聯隊的選手組成更是來自八個不同的國家。

自二〇一五年復辦，至二〇二〇年由於新冠疫情被迫中止前，冬盟的規模已從五隊擴充到六隊，成功在國際職棒賽事的年度行程中，加上了台灣這一站，同時也打出了口碑。許多參與過冬盟的各國二軍職業選手，下一季就打入各自職業母隊的一軍陣容，呈現出爆發性的成長。例如日職歐力士隊看板球星吉田正尚，當年剛入團時曾來台參賽，接著連續三年都交出亮眼成績單。除了像吉田正尚這樣第一指名的超級新人外，也有像軟銀鷹的甲斐拓也這樣的育成選手，能在冬盟有所成長，成為母隊的主戰力。歐力士總經理便曾公開表示，若是冬盟停辦，對於他們的選手養成，將造成一定的影響。

而今，在新冠疫情席捲世界，徹底打亂過去的全球化秩序後，中職接下來於後疫情時代，該如何保持既有的優勢往下走？這是可以好好思考的問題。未來冬盟的賽事，是可以繼續展現中職的國際交流實力和自身的專業能力，這也是中職五環中「商業」、「國際」及「友誼」這三個理念的實踐。

芝加哥小熊隊的前老闆小威格利（Philip Wrigley）曾說過：「棒球的運動成分太多了，所以很難被說成是商業行為，但它的商業成分也不少，所以也很難說是種運動。」[2]這位以銷售箭牌口香糖聞名的企業家，點出了職業棒球的經營與商業行為之

間存在的奇妙混合比例，那就像是半滿的瓶子也可以被稱為半空的一樣，它充滿了彈性，無法限制於一端，能夠透過有效率的運作，產生出不同的效果。

舉例來說，在職業棒球高度商業化的美國，大多數職棒球隊使用的棒球場都已經以高價售出冠名的權利給贊助商，而中職目前還沒有這樣的例子。相較於百年歷史的美國職棒，中職的商業化程度仍在深化中，而在發展的過程中，中職卻必須面對外來聯盟的強力競爭。冬盟只是一個例子，說明中職如何與其他國家職棒找到合作的契機，並從其中獲取更多經營上的經驗，讓中職得以順利推展商業化及國際化的進程，由此獲得更多國家友誼，這是中職未來可以繼續努力的定位。

---

1 中職的比賽隊伍為四隊，冬盟的比賽隊伍為六隊。

2 參見 *The Giganic Book of Baseball Quotations*, edited by Wayne Stewart, 2007 by Skyhorse Publishing

06

催生第六隊

Key Word 願景

會長，就是學會成長

以人為本，制度為輔，

朝中職的長久願景前進。

如果說中職會長任內有什麼我覺得很可惜的事情，大概就是沒能成功讓聯盟擴編至六隊的規模。6這個數字，對我來說具有一些巧合的意義：我會長任期是六年，在這六年中，我一直希望能迎來第六隊的誕生。然而由於主客觀環境的限制，即使富邦、樂天和味全是新加入的三支球團，但因為義大和 Lamigo 陸續退出，最終在我卸任前，只能達成五隊的規模。

即便如此，這依然提供聯盟繼續成長的願景，未來仍有一隊的空間值得繼續前進。為了能夠創造這樣的可能，我必須在任內為聯盟做好準備。而我的準備重點有二，一個是人，一個是制度，兩者相輔相成。

七人座計程車，而會長是司機

擔任會長後，我有個深刻的體悟，那就是我要聽別人所說的話來做事。這麼說並不是指我是個傀儡、受人擺布，而是我必須要深入傾聽其他人的聲音，從球迷、球員、球隊、裁判到中職員工，我必須聽進去他們所說的話，才能真正為他們做事。

與球團領隊相處的過程，讓我覺得很有意思。中職就像是一輛七人座的計程車，

而我是負責開車的司機。車上一開始有四位乘客，後來又多了一位，包括司機在內坐了六個人。從外界的角度來看，坐在駕駛座的會長，是主導這輛車往何處走的人。不過，因為中職這輛車並非私家車，而是一輛營業用的計程車，所以儘管我是掌握方向盤的人，但這輛車要去哪裡、該怎麼開、往什麼方向、走什麼路線，一切都得聽從車上乘客的想法，不是我這個「運將」說了算。

乘客們有各自的經驗和意見，要去哪裡？大家都很清楚。但是該怎麼走？想法就不見得總是一致。有些人認為這條路線更快，有些人認為另一條路線雖然比較遠，但比較不塞車。雖然在這個時代，計程車司機開車會用衛星導航，一切交由電腦去運算，但在這輛中職計程車上，我們不能只仰賴科技，所有人得要同舟共濟，共同討論出大家的共識。

即便在車上隨時注意路況報導，但是行經半路，原本講好的路線仍可能出現狀況，我們得邊開邊討論，趕緊做出新的共識，重新設定路徑。這就好像我在第四章講到中職發生的危機狀況，我們必須保持情緒的冷靜，即使發生爭執，也得快速控制情緒，一同商討接下來我們的行進方式。

抵達目的地時，通常只有收了車資的司機會留在車上，乘客都將下車離開。但在

中職這輛計程車上，會長卻是個無給職，不只不收錢，還是唯一那個非下車不可的人。

當我還在駕駛時，有些乘客會要求提前下車。這時我們得要對外聯絡，看看是否能找到新乘客。幸運的話，在某一位乘客下車時，又會替換另一位新乘客上來。一開始這輛車只有四名乘客，直到最後兩年才迎來第五位，而我們也一直看著那空著的座位，想著這輛七人座的計程車何時才會坐滿。

這樣的比喻，對我來說很有幫助。做為計程車的司機，我和車上的乘客是命運共同體，車子出了狀況，我們會一起面臨危機。該怎麼樣載著大家平安到達目的地，只是最基本的要求，在過程中如何讓乘客們達成共識、一同決定該怎麼走最有效率，才是最難的挑戰。

而我們共同的目標，就是一起朝著中職的願景前進。

中職的願景，一直是人

我除了是個運將，也是個船長。不但得駕駛五位球團領隊搭乘的計程車，還得同

時操控一艘能容納七十人的大船，船上載著的是中職的員工。

中職的行政體系分為行政部、賽務部及宣傳推廣部等三大部門，共計十三組。這個團隊中的成員，每一位都經過招考進來。聯盟這支行政管理團隊，有著與眾不同的工作環境及文化特色。中職是非營利組織的社團法人，在先天的體質上就不是以營利為目標，但若沒有創造獲利的概念，聯盟將很難協同各職業球團一同經營及擴張國內的職棒市場。只是受限於體制及預算，這支團隊很難用高薪留人，也因此形成了獨特的組織文化。

中職的行政管理團隊就像一艘大船，一年三百六十五天不停地在海上航行，因為有比賽，所以一般上班族週末放假時，負責賽務的團隊同仁卻得工作。球季進行時固然很忙，但球季結束後一樣不能歇息，從頒獎、選秀、裁判培訓、到國際交流比賽等季後工作一樣也沒停，之後就是接著要準備新球季的開季事宜，年復一年，一季又一季地不斷前進。新人一旦跳上這艘船就是跟著做，趕快跟上其他人的節奏。

在這麼忙碌及高壓的工作環境中，領導階層得試著讓所有人能跟上共同的步調。只是，一切不能只靠「我愛棒球」的熱血去支撐他們在時間心力上的付出。尤其沒有高額的實質收入及福利之下，必須創造出團隊的共識與共感，才有可能孕育出正向的

組織文化，凝聚出內部的團體動力。

對於中職員工來說，會長也必須給他們一個願景，我的做法是提供他們一個往上走和往外發展的目標。往上走，當然是在既有的部門編制內升遷，而往外發展，則是內部轉職，從一個部門轉調至另一個不同的部門，甚至跳到中職以外的其他組織，去發展自己的職業生涯。

在中職行政管理團隊的培養過程中，我們非常支持員工在內部轉職。由於聯盟人力有限，許多工作都是由其中一組專責主導，然後其他組也會協力支援，因此團隊成員有非常多機會去實際了解不同組別的工作內容，有些同仁也從中發現了自己對於其他組別負責的工作更感興趣，於是希望申請轉調。對此，我們抱持著開放及鼓勵的態度，因為我自己也有類似的經驗：這就像當年考進了大學後，才發現自己對於法律更有興趣，於是離開機械系、投入全新的專業。轉換的過程雖然辛苦，但能夠追求自己真正熱愛的興趣，就是自我成長的動力。

這樣追夢的自由，也是協助這支團隊變得更好的關鍵之一。例如中職的裁判羅鈞鴻就是從球僮做起，靠著對裁判工作的熱情，在聯盟的支持下一路往上爬。當有不少場務組的同仁，希望轉往裁判組，也有類似二〇一六年仍任職賽務部的簡士棋，其後

轉往宣傳推廣部的例子。外表帥氣、台風穩健的他，總是有用不完的好點子，就這麼一路晉升至行銷企劃組長。當時聯盟若有對外記者會或者相關公關活動，士棋總是主持的不二人選。

因應現今職棒環境的改變，聯盟也不斷試著引進不同的新秀，以創造出更好的願景。在語言和國際背景方面，為了讓中職與世界接軌，並和各國職棒聯盟及棒球主管機構交流對話，我們積極引進擅長英文與日文的語言菁英。能夠兼具棒球專業、運動產業知識及流利外語能力的「三門齊」人才原本就不多，而如此的好手往往也是外商高階人力鎖定的招募對象，願意進入聯盟這樣的非營利組織工作的人更是稀有。但因為他們對於棒球的熱情，中職總是有幸獲得這些傑出年輕人的青睞。

另外，我們也為聯盟引進內部的法務人員，而非只仰賴外部的法務顧問及律師。為了舉辦比賽，中職與政府相關主管機關和公部門互動十分密切，許多發送過來的公文，都需要有內部的法務人員解讀和確認，才能落實主管及協力機關相關指示的傳達，並確保執行作業能夠照章進行。

員工，是打出中職願景的六棒打者

這群人持續用熱情推動著中職。你很難想像，這群年輕人是如何地刻苦付出，又是多麼認真地對待他們的工作。舉個例子，當他們隨團前往其他國家考察比賽時，每個人的行李中總是帶著壓平的紙箱和膠帶，準備隨時將它們變成可以托運的行李箱。除了用來裝蒐集到的資料和參訪單位提供的相關物品外，一路上只要看到值得參考的職棒周邊商品，都會盡量帶回來。他們心裡想的不是為自己的親友準備禮物，而是這些樣品有可能為國內球迷帶來不一樣的商品體驗。

然而，這群熱情的同仁，在工作上總會受到天花板的限制。這世上很少有像職業運動聯盟般的組織，它並非公益機構，但一樣充滿了理想性；它不是私人企業，但仍然得想辦法創造利潤才能存活；它也不是公家機關，偏偏它必須和各級政府與地方單位合作，更背負著國家政策的期待。

職棒本身就是一個「三不像」的特殊組織，不是公益機構、不是私人企業，也不是公家機關，但卻兼具三者的特色。這就好像場上的第六棒打者，給人「什麼都可以是」的感覺。傳統上，眾人耳熟能詳的棒次及角色，多半都是第一棒力求上壘、第二

棒犧牲推進、第三棒全能進攻、第四棒強力清壘、第五棒威力掩護……那麼接下來的第六棒該做些什麼？他似乎能做所有的事，但卻不見得一時之間就能說得清楚。

如果你問誰是最有名的第四棒，每個球迷腦中都會浮現一個清楚的人名。這樣清晰的單一功能和印象也通常能套用在前五棒打者身上。即使是第九棒，也有一個最弱棒次的標籤以及投手打擊的印象。但是，想想誰是中職史上最強的第六棒，這個答案就不再那麼理所當然了。

有人說，第六棒該是另一個第一棒，因為前面的跑者都被四五兩棒清空，第六棒必須重新尋求上壘，再造另一輪攻勢；也有人說第六棒面對的情況多樣，最好擁

二〇一九年邀請熱愛棒球的小球員前來「中華職棒三十週年特展」參觀。

有多元能力，需要長打時能出大棒、需要上壘時能盡力選球；也有人說四五六棒就是全隊三個長打能力最好的選手，當前兩人都打不回壘上隊友時，第六棒就是最後的保險。

這是一個經常被人忽略的重要棒次，它的功能及存在有著許多可能，一切因人而定。這也是為何我覺得在聯盟中工作的這群員工就像六棒打者的原因：他們很重要，但角色不單一，任務又很多元。從這個角度思考，棒球比賽一局有三個出局數，無論如何，第二局結束之前，第六棒是一定能夠上來打擊的打者。也就是說，第六棒的位置讓他在比賽的前半段就可以開始發揮作用。一旦總教練放上了不同類型的球員擔任第六棒，這人就有可能是專

二〇一八年三月中信兄弟入主台中洲際棒球場，在我身後除了出色的球員外，還有許多辛苦的同仁，共同為辦好每一場比賽費心盡力。

心發起二次攻擊的單一先鋒，也有可能是靈活支援前五棒的變形金剛。

中職的每一位員工都有他該擔負的任務，但也被要求得視情況而有所調整。他／她有時要一馬當先，在壘上沒人沒機會的時候，想辦法打先鋒來創造另一波新的可能性；他／她也要能承先啟後，依據合作夥伴給他／她發的牌局來接手工作，隨機應變來維繫團隊的持續運作。

這麼不一樣的就業心態，造就了一群不一樣的中職員工。

我也是以這樣的思維，來要求員工成為多元靈活的六棒打者。既然我們的責任是辦比賽，在每一年舉辦數百場比賽之後，幾年下來，同仁有了經驗，也多了自我限制的習慣，演變為：「只要把比賽辦出來就好了」。我得要讓他們有機會重新看待辦比賽這件事，為自己的工作賦予另一層意義，這樣他們在面對比賽時的心態，就會截然不同。

比賽不是辦了就好，而是要把比賽辦好，這也是一個職業聯盟的根本目標，而會長的責任，就是推動大家一起完成這個目標。但如何才能稱得上是「好比賽」，不同的人會有不同的期待。從球迷的角度來看，比賽能準時開打、過程沒有爭議，仍稱不

上是一場好比賽。因此，聯盟陸續開發出更多相關活動，希望能讓更多球迷獲得良好的看球體驗。職棒三十年時，同仁甚至被要求舉辦三十週年聯盟特展。其後，他們不但成功完成任務，這個展覽甚至被策展單位拿去參加評選，最終獲得了國際設計獎的肯定。

這是他們的成就，也是他們的成長。

當他們發現自己在工作上的角色被看重，就會更看重自己的工作。會長的角色，不是下場把紅土推平，但應該讓負責將紅土推平的人覺得這是一件重要的工作。在每一個工作場域裡，這都是最基礎的心理建設。當這七十個同仁擁有共同的願景，中職聯盟裡就有七十個最強的第六棒，不斷地上場發揮。

職稱不重要，稱職才重要

江仲豪曾是三級棒球時代的強打，也是兄弟象的創隊元老之一。他曾經在一九九六到一九九八年間擔任兄弟象總教練，而當他在一九九五年二月十二日獲得球團任命為代理總教練時，對於自己能否在一年後真除，他的回答是：「職稱不重要，

稱職才重要。」

確實，職稱就是個頭銜，充其量只是個名詞，人應當關注的是動詞：該如何在這個職稱上展現出自己的實力與價值，這才是關鍵。唯有用實際行動去完成「職稱」這個名詞後，才有機會發展出「稱職」這個形容詞。在任何位置，都要稱職，不要被職稱給限制住了。

從場上到場外，從球員到總教練，從會長到場務，職稱不重要，稱職才重要。人的位置，並不能完全決定人的思維，該怎麼稱職地完成自己的工作，才是關鍵的思考點。

《彼得原理》（*Peter Principle*）是管理學家勞倫斯・彼得（Laurence J. Peter）與劇作家雷蒙・霍爾（Raymond Hull）在一九六九年合作出版的名著。書中指出「在一個有階層制度的組織裡，每一個員工都會被往上拔擢到他無法勝任的位置。」也就是說，在某個時間點裡，組織裡的每一個職位都是被能力不足的員工所占據。所有的工作其實是被那些還沒有被拔擢的人完成的，因為他們還尚未晉升到自己無法勝任的位置。

彼得確實點出了組織管理裡的一個陷阱，當員工必須透過升職在組織裡往上爬，那麼在剛升官的同時，很有可能會因此讓他們處於一個相對不熟悉的職位。理論上來說，組織就像是個金字塔，每一個員工應該都是因為在工作上表現傑出，才會從大量的底層員工中脫穎而出。然而，員工在前一個職位上的成功經驗和專業技巧，不見得能夠直接應用在更高一層的新職位上。

這樣的彼得原理，清楚地指出了階層組織中看似荒謬，卻又真實無比、難以反駁的人力管理困境。然而，從另一個角度來看，「位置」並不能決定員工的思維。要突破彼得原理的困境，就在於讓適任者獲得更多而且更好發揮其專長的機會。專業技術人員，不見得都想或是適合升任到管理階層或行政職位，重點應該放在如何讓他們對未來的新職位做好準備，並確保他們在既有的職位上做好下一步的規劃。

在中職這樣的環境裡，無論會長、秘書長、副秘書長、主任、副主任或組員，每一個人都有自己的職稱，也都有自己負責的職務。但職稱只是個名詞，該如何用自己的行動，把這個名詞轉化成「稱職」這個形容詞，需要每一個人自己的努力和行動。當彼得原理提醒每個人都會升到自己無法勝任的位置時，真正的出路，就是不要被位置限制住自己的可能性。

第六隊的願景，需要制度的輔助

當我們擁有這樣的員工，就有能力完成第六隊的願景，但在實現願景的路上，還需要制度的輔助。

一般產業在自由商業市場上的競爭，並不需要訂下明確的遊戲規則，只要是在法律規範內，各個企業及組織可以有充分的自由度。然而職棒產業卻不同，中職是台灣市場上獨家存在的職棒聯盟，實際是由各個球團所組成的團隊。雖然中職是非營利組織，但我們所提供給這個消費市場的商品，是高度商業化的賽事體驗和服務，實質上則是一場又一場的棒球比賽與附加活動。如果比賽本身缺乏一致且公平的規則，負責營運及管理的聯盟又沒有公正公開的明確制度，那麼從球團、球員、裁判到其他聯盟相關的工作人員，都將失去依循的準則。消費者一旦對商品沒有信心，相關成員又對組織缺少信任，這個聯盟和產業很容易就會出現問題。

同時，整體消費市場的情況也在不斷變化，因此合時合宜的規章制度就成了這個聯盟永續經營的核心根基。職棒元年到現在已經三十多年，這中間的時空背景和社經狀況已出現很大的差異，既有的規章制度也必須隨之修正。在我上任之初，球隊轉手、

增隊辦法、自由球員制度等等與聯盟擴編及發展相關的重大規章皆已不合時宜，甚至是付之闕如。

也就是說，當聯盟想要擴編、讓其他有意加盟的企業加入，或是聯盟既有球隊出現求售的狀況，聯盟成員都缺乏成文的辦法得以依循。因此，想要完成第六隊的願景，必須要有完備的制度和規則才能成事。在完成增隊辦法的過程中，聯盟回顧了台灣職棒的起起落落，吸取了過往假球案的痛心教訓，所以在制度上阻止玩票性質或體質不良的企業，希望能夠吸引有長期經營球團意願及能力的企業加入。也因為這樣的增隊辦法修訂完成，才能讓第五隊的味全龍重新加盟中職的各項進程與要求能夠有所依歸，聯盟及其他四隊也才知道在加盟過程中遇到狀況時，該如何處理。

至於在我任內兩度發生球隊轉手的情況，也讓聯盟的規章有機會能夠徹底修正來因應變局。原本在球隊轉手相關細節上，轉手企業與接手企業間的權利義務如何並沒有明確的共識，何謂合格的接手企業亦尚待明訂，轉賣承接和新隊加盟間的區別則需要釐清，尤其轉售球隊的過程中會牽涉到球員合約權益及相關資產的轉移，這一切的規定亟需符合相關的法規。經過義大及 Lamigo 的轉售，聯盟也正式將相關辦法給確立下來。

無論新隊加盟或轉賣承接，新企業進入中職的過程一定會與球員有關。中職在組織編制要關心的人，除了球團領隊和聯盟員工之外，還有中職的球員。和對待聯盟的員工一樣，我也應該提供球員們一個清楚的願景，並從制度面給予球員一個往上走和往外發展的目標。往上走，就是在各自的母隊從二軍升上一軍，薪資福利也能夠獲得提升；而往外發展，則是能夠轉隊，無論是以自由球員制度轉到其他中職球隊，或是以入札制度轉到美國職棒大聯盟或日本職棒，都提供給球員未來不同的可能性及實現個人願景的途徑。

事實上，若是第六隊的擴隊願景能夠實現，球員在各隊之間的流動勢必會增加。中職為了要迎接更大規模的擴張，就

二〇一八年底，王柏融成為中職史上第一位以「入札制度」加盟日職的球員。

必須為未來的趨勢做準備。因此，在我任內就依照中職目前的規模，修訂了自由球員辦法，放寬原本緊縮的條件，在母隊補償及球員權益計算上做出詳盡的修改，讓自由球員轉隊雙方球團的權利、義務、行使方式和限制條件更符合現況，後來也順利出現史上第一次自由球員交易。

中職近年的球員價值提升，薪資不斷成長，在自由球員交易出現後，能夠獲得高薪的球員勢必增加，薪酬差異也在擴大。為了避免未來勞資雙方對於薪資合約談判出現頻繁且不必要的摩擦，我在任內也讓仲裁委員會恢復運作。中職早期的仲裁委員會只有三人，成員已經凋零，法院也不承認其仲裁效力，因此，有必要為球員及球隊設置全新的仲裁委員會。

仲裁委員會的設立不只與規章相關，還和司法有關，這已經超出聯盟同仁能夠處理的範圍，所以我依照先前的法律背景和訓練來全程主導。我的三個籌設重點分別為：一要有足夠且專業的仲裁委員，二要有足夠的判例來做為依循、參考、研究及討論，三是要將大家的信心找回來。於是一切的重點，就著落在我找來了什麼樣的人擔任仲裁委員，球員們也都在看我怎麼做。

五位仲裁委員，分別是從律師、會計師、體育行政及學者專業去尋找的合適人選，

透過相關公會與人士推薦，並請球員工會表示意見，主任委員則為球員工會同意的人選。看到這樣的專業陣容，球員們就能體會到我們的慎重其事。如果勞資雙方因為薪酬意見差異而需上法院處理，不僅曠日廢時，運動產業的專業性也高，平常法院極少接觸相關的案例，反而不如以相關專業人士組成的仲裁委員會來得有效率。在五位委員整理好國外的仲裁案例後，也能讓仲裁結果更有所本。經過這樣專業縝密的籌設過程，建立起球員對仲裁制度的信心。

這些和球員有關的制度與辦法，也讓中職有能力往第六隊的願景前進。上任之初，擴充為六隊規模是我為聯盟擘畫的願景。最終，在我卸任時，聯盟仍未正式出

二〇一八年底的新聘仲裁委員記者會。時聘新任仲裁委員陳一（左起）、洪偉勝、林振煌、陳志光、陳雲蓮。

現第六隊。然而，在訂定既有擴隊辦法及球員配套措施後，未來第六隊就能照著第五隊出現的模式前進，這也等同於我們已經為第六隊的登場鋪下了明確的規範和途徑。

第六隊是一個願景，我們能讓這個願景實現的方法，就是從聯盟、球團及球員的角度出發，透過制度的輔助，為這個願景創造出所需的現實條件和成立基礎。而在這樣修正規章制度的過程當中，也帶動了整個組織的成熟與成長。

07

幸運七局

Key Word 運氣

運氣，無法預計的力量

運氣很重要，就像關鍵時刻的臨門一腳，
但唯有事前的用心準備才能迎來好運。

「7」這個數字，在棒球中常被視為幸運的象徵。比賽進入第七局，落後的一方似乎總有機會逆轉，好運開始降臨。運氣，在棒球裡占了很大的成分。有時候，打者確實擊中球心，強勁的飛球卻正好衝進野手的手套裡；又或者投手的球威成功壓制打者，讓他擊出一記不營養的小飛球，但卻剛好掉在三不管地帶，成了「德州安打」（Texas Leaguer）。

有人說，運氣是種迷信。很多時候，所謂的幸運只是時間的巧合。然而，人生在世，要想獲得成功，確實得靠點運氣。有時運氣不好，即使坐擁才華也無從施展，再有大志也難以實現；有時運氣一來，似乎任何挑戰都能化險為夷。人生，和棒球十分相似。

運氣，也能透過統計分析

在棒球場上，要找到運氣的影響力，實在太容易。中職史上第一次、也是目前唯一一次的「完全比賽」（Perfect Game），發生在二〇一八年。中職創立超過三十年，僅只出現過一場完全比賽，可見它有多麼困難。而且那場完全比賽，還是靠著再見全

壘打獲勝，如此戲劇性的結果，當時就連擁有百年歷史的美國職棒也不曾發生過，讓這項紀錄更顯難得。這場完全比賽，靠的不僅是投手自身的實力，還需要隊友的合作幫忙，而運氣也是關鍵因素。當時，統一獅的先發投手瑞安（Ryan Verdugo）完投九局，雙方仍以零比零平手，接著九局下半第一個上來打擊的隊友郭阜林就擊出再見全壘打，不只是讓統一以一比零贏得比賽，更成就了瑞安的傲人成績。若是運氣差一點，統一九局下打不回任何分數，這項難得的紀錄還不一定能順利誕生。

在棒球的數據中，有一項「場內球安打率」（Batting Average on Balls In Play, BABIP）專門統計這樣的情況。意即投手有時被打得很慘，不見得是他能力衰退，而是運氣不好，球老是找得到漏洞鑽出內野防線，形成安打；而對打者來說亦然，打擊率下滑其實並非陷入什麼低潮，而是時運不濟，打出去的球都飛去尋找野手的手套。

嘗試透過統計找出棒球場上選手表現的運氣成分，是一個有趣的角度。有一本書叫《幸運的科學》（*How Luck Happens*），作者認為如果人們知道該去哪裡、該如何尋找運氣，每個人都可以讓自己變得更幸運。作者也透過實踐成果證明，許多看似隨機的幸運，其實是人們努力爭取得來的。對棒球選手來說，想變得更幸運的方法就是努力苦練，好爭取留在場上的時間。根據「場內球安打率」的長期統計發現，無論幸

二〇一八年十月七日，中信兄弟與統一獅交戰，主隊先發投手瑞安以用球數九十二球主投九局，無安打無保送無失分，隊友守備亦無失誤。九局下半靠著隊友郭阜林再見陽春全壘打結束比賽，達成中職成立二十九年以來第一次完全比賽。

運星或倒楣鬼，只要待在棒球場上的時間一長，運氣造成的影響便幾無差別。

運氣是一時的，實力才是長久的。

運氣，是光環也是壓力

我曾經想過，自己此生全憑運氣才能遇到的好事，大概就是出生在這個家庭中。畢竟，人不可能選擇出身，也不能決定自己的父母。我很幸運出生在這裡，從小遇到的都是好人，所以養成了我這樣的性格。

也有人問過我，從小被貼上「靠爸」的標籤，是否很不好受？我想，這些都是成見、都是在未曾見過我這個人之前產生的武斷印象。不可否認，我確實因為父執輩的教養而擁有較好的起跑點，然而真的要有所成就，重點還是得落在自己身上。倘若出生在好人家的小孩未來便一定會成功，這世上就不會有那麼多沒出息的富二代了。

當然，在潛意識裡，我難免會覺得不公平，為什麼大家只關注這件事？只認定我是某人的兒子、卻不在乎我這個人是誰。特別是在我青春期的年紀，自我認知還很混

亂，仍未建立起屬於自己的信心，當時感覺更加困擾。然而，待我一路走到今天，我已經透過訓練，培養出平常心。

我的出身既是光環，也是壓力。如果有光環就欣然接受，我不會扭捏作態；如果是壓力就一肩扛下，我不會怨懟逃避。

別人若問我成功與運氣之間的關聯，我會回答：即使成功有仰賴運氣的成分，那比例也不會很高。對於運氣的解讀，信仰佛教的我將之視為「因緣」。只要因緣俱足，一切自然水到渠成。

在什麼樣的情況下，才能算是因緣俱足？我的看法是要珍惜每一個與人相遇的緣分，若是對人心存善意，不要存有差別心，自然就能結下善緣。在漫長的人生路上，你真的無從得知誰將會拉你一把，若是對人事物都抱持玩世不恭的態度，整個宇宙都不會理睬你。

我能了解，對於不同信仰或是沒有信仰的人來說，我對運氣的想法顯得宿命了一點。這是我相信的道理，也不認為他人該無條件的接受。只不過用這樣的角度去看待成功和運氣，至少給了我一個待人接物的準則。

回到棒球的例子：當一個顧人怨的投手有機會挑戰完全比賽時，我不認為他的隊友會因為對他不滿而不願全力以赴，甚至故意發生失誤來搞砸一切。畢竟我仍然相信場上的每一個職業球員，都將做好自己份內的工作。然而，若是這個投手平常對人就心存善意，我想隊友們會更積極地為他拚搏出這項難得的紀錄。對於這名投手來說，隊友們願意為他一同努力，是因為他平日的累積；隊友們在比賽之中這樣的付出，也可能為他帶來好運及好結果。

我人生中的三大好運

對我而言，我並不知道該去哪裡找運氣，但總在經歷之後才發現，自己當時有多麼好運。一如我在穿越風風雨雨後，對有幸成為我父親的孩子、愈加心懷感激。蘋果創辦人賈伯斯曾說過：「回頭去看，才會看到原本沒有關係的點，都彼此串聯起來了。」回首過去，我會說自己這輩子運氣最好的三件事，是讓我遇見三個最愛：妻子，法律和棒球。

就像我之前說的，我所定義的好運是一種因緣，其實有個人的努力和累積囊括

其中。我並不認為沒有任何自己的努力，好運就會平白無故降臨到我的身上。是因為前面的因緣，才會成就後面的事件與相遇。

遇見妻子，是在大學時代。她是北一女管樂隊的小號手，那年是剛考上台大國貿的高材生，因為她參加了管樂社迎新，我才有機會認識她。相較之下，我從高中就開始吹長笛，直到大二才改吹薩克斯風。當時我認為長笛在管樂團裡實在太弱勢，吹奏架勢也不如薩克斯風那麼性格，於是就更換了樂器。

我不知道她對我懷有好感，和我更換樂器有無關係，但我後來得知妻子的家學淵源——她的父親是鋼琴老師，大姐則在

妻子是我生命中第一個好運。我們因為音樂結緣，她伴我走過艱難的風雨及挫折。

師大音樂系主修鋼琴、留美取得演奏碩士，而她自然也是一把好手。要想認識她，我得先和她考上同一所大學。放眼校園裡上萬名學生，我還得將樂器練好、加入管樂社，才能讓她對我產生印象。我先前勤於念書和練習樂器的累積，帶領我遇見人生中最重要的好運。

遇到法律，是我的第二個好運。前面在第三章談過，我花了很長的時間，才發現法律是我真正感興趣的科系，於是我從機械系轉去法律系。我的人生並沒有因為一板一眼的法條限制而變得僵硬，它反而為我帶來很大的彈性，因為我從法律訓練中學習到絕佳的思考方式及態度。透過法律，我能夠協助他人解決問題，並將複雜的事情簡單化。如果你是一個具備助人的

棒球是我生命中第三個好運。從原本的興趣所在，到有幸成為中職會長。這項運動伴隨我度過人生最開心充實的時光。

能力、能夠解決問題，又能將事物化繁為簡的人，無論在任何職場上都會受到歡迎。

就讀法律系時，我研究的是新科技的智財權，這和之前的理工背景有關。在我開設自己的律師事務所後，接觸的客戶多半是科技公司，而一開始願意給我們案子的人，也多半是過去在工學院認識的同學。因此我愈發認為，這世上沒有白走的路，唯有好好度過現在的日子才是正道。儘管我多念了兩年機械系，當下看似浪費時間，但這些努力的累積，終究會在某個時間點回饋到自己身上。

至於遇上棒球，則是我的第三個好運。棒球是我熱愛的運動，在對它產生強烈興趣時，我只是個學生，從來沒有想過未來自己將成為中職會長。棒球深深扎根在我的生命裡，也交錯於每一個重要的時刻。因為我和妻子交往的那一年，正好就是職棒元年。

如果沒有遇上法律，我將無法擔任中職的會長，即使就任了，若缺乏過往法律的訓練，我能為聯盟貢獻之事也將十分有限。對我來說，擔任中職會長這六年，更像是我的幸運第七局，我對能以這樣的方式站上球場、走進棒球，心懷感謝。在我卸任之後，過去六年的經驗也讓我對自己接下來的生涯多了另一層體認，為我開啟了人生的下一局，找到應該繼續努力追求的目標。

幸運，其實只是習慣的累積

曾經聽人分享過所謂「魔島理論」。這個理論很有畫面——在一望無盡的海面上，原本看不見任何島嶼。突然有一天，一座魔島倏忽冒出水面。但其實那並非一夕之間出現的魔法，而是在人們看不見的水面下，這座島嶼已經累積許久，它只是依照自己的速度成長。儘管看似一瞬間現身，充滿了神奇的色彩，但是這座島嶼早就在人們的眼光之外，不間斷地日積月累。

有人用魔島形容靈感和創意，許多作家及創意工作者經常苦思找不到出口，突然某一刻魔島在腦海中浮現，靈光一閃，奇思妙想就在眼前。而這些創意人也會告訴你，在魔島出現的那一刻之前，他們早已投入無數的努力。

這樣的經驗，和我所經歷過的三大好運一樣。我確實很幸運，能夠遇上我的三個最愛，但倘若缺少一路以來的累積，我的成功將沒有浮出水面的那一刻。所以從這個角度來說，幸運，其實只是習慣的累積——只要習慣努力、習慣付出、習慣活在當下，生命中烙下的每一個印記，終究會彼此連接，回頭去看，就能形成一條饒富意義的人生路線。

何其有幸，以會長身分為中華職棒迎接三十週年。活動現場邀請有「四大天王」之稱的涂鴻欽（左起）、陳義信、黃平洋與謝長亨。

08

八人出局

Key Word 堅持

防堵假球，就像是一場沒有終點線的馬拉松

堅持不能只靠選手，更要靠領導者為正確的事情擇善固執。

棒球場上一次會有九個人上來守備，如果少了一人，僅剩八個人就無法進行比賽，更何況是少了八個人。《八人出局》（*Eight Men Out*）是一部美國棒球電影。這部電影是在講述一九一九年發生在美國職棒的假球事件，芝加哥白襪隊的球員涉嫌與賭徒串通，故意輸掉那一年的世界大賽，最後一共八人遭到終身禁賽，從此被逐出大聯盟——這就是棒球迷熟知的「黑襪事件」（Black Sox scandal）。

假球案，一直是傷害中職最深的醜聞。在美職、日職和韓職也曾發生過假球事件，然而，在中職卻發生了不只一次。從黑鷹、黑虎、黑鯨到黑象事件，一再辜負球迷的支持、摧毀球迷的信任。在我任內，中職並沒有出現任何一次假球案。為什麼沒有？回頭去看，這並不只是幸運，而是所有球員和工作人員對於「對的事情」的堅持，共同努力才能得到的成果。

能夠堅持做正確的事情，才能防止假球案的發生。防堵假球的努力，本身是一個持續不能間斷的長期計畫，它就像是一場全體中職相關人員共同參加的無止境馬拉松。我們只能持續向前跑，保持自己的方向及速度。參與這場馬拉松的人，不只是球員，還有球團和全體工作人員。每一個人，每分每秒都在投入，經年累月都不能放鬆。我們必須一直往前邁進，一旦停下腳步，招致失敗，過去累積多年的成績就會即刻化

為泡影。做為球迷，你永遠都不想看到假球案；身為會長，我絕不希望過往的努力毀於一旦。在這個沒有終點的長跑過程中，需要的不只是球員本身的努力，還有聯盟對球員的支持，以及對改善制度的堅持。

一場對嘴的演唱會，你會想買票去聽嗎？

國外曾經有個雙人合唱團體名為米利瓦尼利（Milli Vanilli），一出道就大紅大紫，曾拿下一九九〇年葛萊美獎的最佳新人。但在一次現場演唱會上，當他們演出成名單曲時，機器卻出了問題，其中一位歌手的副歌不斷跳針重複同一句，讓他當場丟下麥克風走人，這才遭人發現他們的專輯竟全是由別人代唱。這件事在樂壇上引起了軒然大波，最後他們的獎項也被取消。

如果專輯是假唱的，你還會支持這位歌手嗎？如果現場演唱會是對嘴的，你還會想購票去現場支持嗎？面對這個問題，許多人也許有不同的答案。有些人捍衛歌手在現場演唱會上的對嘴演出，他們認為演唱者必須在舞台上又唱又跳，為了提供歌迷最完美的表演體驗，有時候對嘴是必要的。然而，對職棒比賽來說，打假球卻是絕不被

允許的行為，絲毫沒有任何灰色地帶或者討論空間。上場比賽就該發揮真正的實力，若為了個人私利而作弊放水，完全是欺騙球迷的行為。

做為一個棒球迷，當我第一次遇上假球案時，情緒完全崩潰，感受到強烈的背叛。回想起放水的選手在場上發生失誤，卻佯裝懊惱的片刻，我只覺得自己被他們的「演技」欺騙。球員不該是演員，他們在場上的演出，應該出於球技而非演技。比賽的勝負，更不該被棒球之外的事情所左右。

那時的我沒想到，中職的假球案居然有續集，而且還成了荒謬的連續劇。主角換人上演，但是劇情相去不遠，受傷的終究都是球迷。連年的假球案，不只把台灣棒球歷經多年才養成的菁英球員和死忠球迷連根刨起，損失慘重，還將一代又一代的新球迷趕出了場外。我有太多在球場上認識的朋友，都是在經歷第一次假球案後，就不再進場看球。這麼多年過去，他們仍帶著一種距離感看待中職。那是一種被狠狠傷過心之後，不敢再觸碰舊傷口、又忍不住多看一眼的複雜情緒。

我也從未想過，自己有一天會成為中職會長——我必須從一個傷心的球迷，變成一名保護球迷的守門員。正因為自己被背叛過，所以我知道那是什麼滋味，我不想讓老球迷和新世代的球迷再嚐到同樣的苦澀。只不過一開始，我還不確定該如何著手。

我記得朋友曾經問過我：為什麼中職有這麼多人打假球？這一切，其實和聯盟制度、社會文化和棒球發展傳統有很大的關係。根據英文網路媒體《VICE》[1]的報導，記者在爬梳台灣棒球發展的歷史及社會背景後，對台灣之前一再發生打假球的醜聞，進行了分析和解釋。文中認為，由於台灣社會在培養棒球員的初期，只教導他們如何獲勝、重要的是場上的成績，卻忽略了人生觀的養成，致使球員長大後變得只會打球，對於其他事物視而不見。在沒有足夠的支援和保護下，很容易受到外界的威脅與利誘而參與放水。

我能認同這樣的剖析，因此我認為要杜絕假球，前提是讓球員獲得足夠的保護和支援。球員是需要被珍惜的，他們加入這個聯盟打球，聯盟就有責任保護他們不受到傷害。更遑論保護好球員，就是保護好球迷。做為一個職業聯盟，球迷可謂衣食父母。在確保球迷不受假球傷害前，首先應該對球員提供足夠的支援、從制度入手，給他們對抗假球所需的必要資源。

職棒會長這個位置，當年是被假球案催生的

事實上，「會長」（commissioner）這個職稱的出現，也和當時職業運動聯盟面臨的危機有關。第一次使用「會長」這個名稱的是美國職棒大聯盟，在一九一九年的黑襪事件後，大聯盟於一九二〇年設立了「會長」一職，並邀請法官蘭迪斯（Kenesaw Landis）出任。原本大聯盟最高的行政職位稱為「總裁」（president），但為了展現改革的決心，並和過去做出區隔，大聯盟決定藉由「會長」一職延攬法官坐鎮背書，並進行改革。其目的就是為了杜絕假球，挽救大聯盟在放水醜聞後受損的公信力。

換句話說，會長這個位置，當初就是被假球案所催生。一開始其他職業運動聯盟並未立即效法美國職棒設立會長一職，直到其後為解決同樣棘手的問題，才跟著紛紛設立。以NBA為例，是等到一九六七年才開始使用「會長」職稱，目的是要應付競爭對手的挑戰，希望透過新職稱的設立，彰顯NBA會長主管職業籃球相關事務的地位及角色。

聯盟會長這個位置，既是資方（球團老闆們）的共同代表，也是勞方（球員及相關員工）的照顧者。會長做為聯盟最高的行政主管，對內得扮演協商與仲裁的角色，

首任美國職棒大聯盟會長蘭迪斯法官（左），以及紐約洋基隊的老闆魯伯特（Jacob Ruppert，右）／圖片來源：美國國會圖書館（Library of Congress）

一九二一年八月四日刊載於美國報章上，呼籲禁止「黑襪」醜聞再次發生的漫畫／圖片來源：美國國會圖書館（Library of Congress）

對外則是推銷員和公關代表。面對現今聯盟的經營環境，受到全球化競爭以及網路、社群網站興起的影響，不僅媒體文化驟變，更出現大量新興娛樂選擇，不斷瓜分職棒的市場，也讓原本龐雜的會長職務愈顯困難。我們必須快速應變，才能抓住消費者的目光。在為聯盟的長期發展尋找出路的同時，過去突如其來的重大疫情，也迫使我不得不挽袖擔任消防隊，防止這把野火造成更大的傷害。

由此可以看得出來，每個聯盟的最高領袖被推舉出來的原因，都有其時空背景與實際需要。過往有知名退休運動員出任北美職業運動聯盟最高行政首長的例子，最出名的就屬一九二〇年擔任美式足球ＮＦＬ[2]第一任總裁（president）的索普（Jim Thorpe）。從拿下奧運十項全能金牌，並參與過多種不同球類運動的他，是美國人眼中最強大的全能運動明星。這也是他會被選為首任總裁的原因，為的就是借助他的球星光環為新聯盟宣傳，而他也僅擔任一年，就下台離開。

從美國職業運動的歷史看來，聯盟會長需要的是長於溝通，嫻熟行政及法律事務，能夠引導聯盟發展方向的人。有些人沒有球星的光環和專業運動員的背景，但卻能接下這個位置的原因也在於此，以ＮＢＡ近五任會長為例，全都具備律師、政治家與商人背景，他們出色的溝通和行政能力也確實為聯盟的發展奠下良好的基礎。

落實蕭規，需要堅持的曹隨

國外的先例，給了我強烈的啟發。當年美國職棒大聯盟在假球案發生後，設立了會長一職，同時賦予這個職務歷史的意義。首任大聯盟會長是法官，而現任的會長曼菲德（Robert Manfred）則是律師，相似的法律背景讓我對中職會長的任務有更深一層的體認。在成為會長後，有很多事情和問題等待我處理。當時，中職已經六年未曾發生假球案，防堵假球看來不是當務之急。然而，我依舊審視了現有的防堵機制，先確定當年訂下的各項措施仍在持續運作。為的就是要保護球迷和球員，好維持這個聯盟得來不易的平靜。對此我必須不帶偏見地去維持好的制度。

以中職二〇〇九年季後做出的決議為例，當時規定新人簽約金的三分之一需交由聯盟強制信託，若該選手其後涉及簽賭案，該款項就會當做「違約金」交還給簽約球團；若該選手並未涉賭，則在他退休後，將加計利息退還給該球員。球員工會也在同年通過，球員按月提撥一成薪水交付信託，處理方式與聯盟類似。這樣的規定延續至今，對於選手來說，它已經成為一項自然而然的規定，但對於管理者來說，卻是必須鎖緊的螺絲釘。

猶記剛上任會長時，聯盟的強制信託帳戶必須持我的身分證和印章去辦理變更。因為會長是聯盟的負責人，所以得由我出具證件，赴銀行開立信託帳戶。甚至在我戶籍地出現變動時，銀行還會通知聯盟，要求重新查驗我的證件。從以上這個小例子，就可看出會長個人是和整個聯盟的防堵機制緊密相扣，有任何細節上的變動都必須彼此對應。

在檢視職棒既有的假球防堵機制後，我認為無論預警、監督或法治教育，各方面的設計都相當完善，也因此我在任內做的只是「蕭規曹隨」。而真正困難的地方，仍在於「曹隨」該如何堅持下去。

改變制度和堅持制度，究竟何者較難？一般來說，想改變現有的制度是比較困難的。因為原來的制度其來有自，就聯盟來說，任何改變都需要大家的同意，一旦討論就會有各方意見待統合及協調。而且新制度要能超越舊制度，在設計及評估上也必須花費極大的心力，確實不容易。

另一方面，堅持制度亦有其不易之處，特別是隨著時間推移，早先訂下的制度未能被「確實執行」。一個好的制度，如果沒有被確實遵行，一切也只是虛功。為什麼我們經常以「螺絲鬆掉了」譬喻這樣的狀況，是因為此乃常情，時間久了難免鬆懈。

就像疫情期間大家不忘配戴口罩，但過了一陣子，卻不免發生狀況。這並非戴口罩的防疫制度錯誤，而是執行的力度減弱、讓既有制度的效力下滑，才會出現防疫的破口。此時我們需要的不是再去創造出另一個新的制度來防疫，而是應該維持現有制度的執行力道。

這也就是「曹隨」困難的地方。欲維持執行的力道，內部需有專人監督，外部也得有人時時協助，給予意見，我必須時刻向團隊傳遞明確的訊號，要求同仁堅持下去，不容輕忽，務求整個聯盟分秒處於備戰狀態。想妥善扮演「曹隨」的角色並發揮功能，過去擔任縣長時的行政經驗及歷練，對我有極大的幫助。在縣長任期內，每個月都會召開治安會報，法定主持人是行政首長，幕僚單位為警察局。會報的內容從頭到尾都是案例的數據說明，有些地方首長選擇不與會，改由代理人出席。相較於坐在會議室裡聽簡報、沒人看得到，下鄉去和民眾互動，享受媒體光環與人們的熱情總是更有吸引力，但我堅持每次都要親自參加。

這樣的堅持，聽來只是件小事，但這是我向所屬團隊發出訊號的方式。我認為這類簡報相當重要，能讓我掌握實際情況及脈動，所以我希望他們全力以赴。而我每一次的親自出席，就是在向市府團隊表明我在乎此事，我看到了他們的用心。與此同時，

也旨在提醒我的團隊要努力維持既有的制度，對應有的高標準孜孜不怠。

我就是這樣的人，儘管內容或過程枯燥乏味，只要是重要的事，便會按表操課，要求工作團隊依循固定的規律，貫徹始終。面對每一項現有制度，我若非第一線的執行者，無法親臨現場向同仁展現決心，便會改從上述這樣的小地方著手，尋找機會，讓夥伴們感受到我對此事的看重。

迎戰假球的威脅，必須防微杜漸，而所有防堵機制都需從小地方和小細節做起。畢竟所有的大問題都由小錯誤惡化而來，如何確保整座機器流暢地運作，除了仰賴聯盟團隊同心協力外，掌握機會讓同仁接收到我堅持的意志、繼而徹底執行「蕭規」，亦是做為「曹隨」的我，將每個小螺絲鎖緊的管理技巧。

保護球員，就是保護這個聯盟

過去發生假球案時，涉案球員經常成為眾矢之的。這是因為他們往往擁有高知名度、深受廣大球迷的信任和支持，一旦涉入醜聞，便給人辜負球迷、傷害棒球、破壞所屬球隊和整個職棒聯盟名聲的惡劣印象。

過往那些參與打假球的球員，確實沒能守護棒球，也沒能堅持棒球比賽最重視的真實。然而，就聯盟的角度來看，我們不能只怪這些球員未能謹守道德底線。即使這些球員重挫了這個聯盟，乃至於整個職棒產業，但站在管理者及領導者的立場，除了在事發後譴責追究和亡羊補牢外，我們更應進一步幫助球員改善薪資條件、提升整體待遇。這是在既有的防堵機制上，再往前更進一步的正向強化方針。

提升球員的收入水準，不僅能健全整體打球環境，也能幫助球員對抗不當利益的誘惑，這是保護球員的方法之一，也不啻為消滅假球的根本之道。提到照顧球員，對聯盟的制度來說，還是一個持續進步的過程。不可否認，聯盟原本的許多規定對於球員來說並不完全公平。尤其是球員薪資的條件，先前也泰半是由資方主導，球員居於相對弱勢，但這樣的情況近來已有所改善。

和一般的上班族一樣，球員也是透過勞動換取收入，按月領薪水；但他們又和一般的上班族不一樣：職涯時間短，工作準備的時間長。一般人能工作到六十五歲退休，但職棒球員能打到三十五歲的例子卻不多。此外，上場比賽是他們的工作，但並不是比賽結束就能夠下班。在這每次三到四個小時的比賽時間之外，他們還要付出更多的時間進行訓練和調整。每年球季得從三月打到十月，其他四個月的時間並無休

假，而是在為新球季做好準備。

職棒球員的工作性質如此特別，他們的就業機會卻是十分稀缺。如今他們在國內能加入的職業球隊雖然已經成長為五隊，但嚴格說來，目前只有一家去處得以選擇——那就是中華職棒大聯盟。正因如此，聯盟的規章對球員們的工作及生活影響極大，必須謹慎考量球員的利益，從制度著手，努力善盡多方照顧球員的責任。

球員、球隊和聯盟三者間，並不絕對是上下的從屬關係。從我做為法律人的角度看來，這三位一體的利益共同體會影響彼此，而這三者間存在的是合約關係。球員與球隊間簽有聘僱合約，載明時間長度和薪水；而球隊與聯盟間也受到合約規範。各球隊必須在一定程度上維持同質性，每一隊的基本條件必須符合規範，這些規範都是球隊與聯盟經過共同討論、達成合意之後訂定或修改的。

簡單來說，從球員的角度來看，中職之所以為一個聯盟，是因為加盟的每一支球隊都同意遵行相同的規範，各隊聯合起來形成一個獨特的就業市場。在符合國家的法規下，各球隊對待球員的方式勢必要有一個共通的基本標準，而這個基本標準的監督者就是聯盟。

聯盟並非只是代表球隊的存在，也不會只從資方的角度去思考。因為一個職業運動聯盟的存續及發展，球員的角色也同樣至為關鍵。球員是吸引球迷關注的重要核心，沒有足夠球迷關注的職業運動聯盟，是無法長久存在的。

正因為這一點，聯盟做為推動職棒發展的角色時，對於球員非常重視。在聯盟與球隊組成的常務理事會中，並沒有球員代表，聯盟也有注意到這一點，所以聯盟經常主動提出提升球員權益的改進建議，照顧球員也是各球團既有的認知，只是該如何做才公平，就必須透過各球團代表的討論來取得共識。

在我擔任會長期間，聯盟站在球員的角度去思考，在制度面上進行了不少創新的改進，增修幅度和次數，可能是中職史上之最。例如增加各球團的註冊球員數、訂定提交保留球員名單的日期、修正登錄間隔規定、實施季中球員註冊、修訂自由球員辦法等，從菜鳥新秀到成熟球星，我們在球員生涯的各個階段都進行了相關規章的修正。

這些措施的提出和實施，並不是會長一個人的功勞。聯盟團隊及負責同仁對於如何維護球員權利其實一直都非常關心，各球團代表也願意一同推動改變，他們才是一切的關鍵。而會長的角度和功能，就是以我自己律師的訓練背景來幫忙檢視新制的合

理性，再以過去行政歷練的經驗，協調各球團代表能在討論的過程中，達成一致的共識，並在新制上路後，持續解決相關狀況和執行問題。

自由球員辦法就是一個很好的例子。這個辦法亟待修訂的原因，是期望增加球員在各球團間流動的可能性，透過活絡的球員交易市場來創造各隊之間的良性競爭，進一步提升球員的薪資和市場價值。實際的做法，是從制度設計入手，明訂自由球員轉隊雙方球團的權利、義務及其行使方式，並大幅降低補償門檻，讓各球團間避免陷入惡性競爭，球員和球團間也不會因為轉隊失和。在我任內，順利完成了中職史上首次自由球員交易，新修訂的自由球員辦法也讓更多的交易出現，讓自由球員的薪資獲得了顯著的提升。

將球員照顧好、提供良好的就業環境，正是保護他們不受假球侵擾的方法之一。球員能安心打球，聯盟也才能吸引更多的好手加盟，不斷創造良性的成長。以中信兄弟外野手張志豪為例，他在二〇二〇年行使國內自由球員權利，並獲得母隊以月薪七十五萬的大型合約留人。到二〇二〇年球季為止，他已連續七季有雙位數的全壘打演出，更是連四季擊出二十轟的強打者，然而，當年他卻因為中職的假球案，一度不願加入職棒。

早年在業餘成棒合作金庫打球的張志豪，在二〇〇八年原本就有機會加入職棒。那年他在新人選秀會上於第四輪被中信鯨選中，但同年鯨隊就宣布解散。後來在那年特別選秀會上，又被 La new 熊選中，但因為中職不斷發生的假球案而讓他卻步，繼續留在業餘打球。直到二〇〇九年的「黑象事件」讓兄弟象折損過半的主力球員，總教練陳瑞振為了補強球隊戰力，努力說服張志豪參加個人的第三次選秀，才在二〇一〇年新人選秀會第二輪入選，一路成長為看板球星。

這位曾經差點不打中職的頂尖好手，後來成功在聯盟發光，也為球隊及聯盟帶來廣大的球迷支持。從張志豪的例子，足以說明保護球員的工作、打造優質的環境有多麼重要。未來的中職必須維持既有的制度，並強化假球的防杜和球員的教育工作，才能說服具潛力的年輕新秀和出色的球員，安心加入聯盟，與球迷分享最佳水準的表現。

假球對各國職棒和當地球迷來說，都是心中的最痛。美國有黑襪事件、日本有黑霧事件，韓國則發生過兩次打假球的醜聞。黑襪事件催生了職棒會長的出現，也帶動一系列的聯盟改革，從此球員收入一路成長，並讓美國大聯盟興旺至今。和這些國家的職棒聯盟不同的是，過去中職打假球的情況曾一再發生。好不容易，我們從中記取

了教訓，讓聯盟走上復甦的道路，自二〇〇九年迄今，已經超過十年未再重蹈覆轍。所有人都希望憾事不再重演，但想達成這個目標，不能僅靠期待，更需要共同堅持做「對的事情」，延續並貫徹一直以來的職棒政策及防堵機制，同時與各球團合作，照顧好球員，才是徹底驅逐假球之道，也才能創造出屬於球迷、球員、球團及聯盟的四贏局面。

防堵假球，是一個沒有終點的馬拉松。堅持繼續做「對的事情」，正是唯一的方向。

1 報導原篇名為 *Gray Area: Inside the Mafia-Run World of Baseball Match-Fixing in Taiwan*，作者為 Jorge Arangure Jr.

2 國家美式足球聯盟。

09

九局下半

Key Word 法治

讓制度成爲最重要的角度

面對關鍵判決，每個人都有自己的角度，這時「法治觀念」就很重要。

談到九局下半，只要兩隊比分差接近，總會是棒球比賽張力最高的時刻。這時，只要裁判一個關鍵判決，就算是半顆好球的距離，也會影響打者出棒的決定，比賽的結果更可能就此翻盤。面對關鍵的判決，每個人都會有自己解讀的角度，然而，做為組織領導者，在面對爭議時，必須要為整個聯盟守住最重要的底線，那就是法治。

不同角度的關鍵判決

「比賽結束前，都不算結束。」（It isn't over until it's over.）

棒球比賽和籃球比賽不同，因為沒有時間限制，只要最後一個出局數沒有出現，比賽就沒有結束。而這句話是洋基名人堂捕手尤吉・貝拉（Lawrence Peter Berra）的名言。對許多美國人來說，除了大文豪馬克・吐溫（Mark Twain）之外，大概就屬貝拉的話最常被人引用。他的這句話因為看似合理而顯得多餘，但細細品味，就能了解其中蘊含的棒球和人生道理。

只差最後一個出局數，比賽就能結束，有時甚至已經逼近到只差一個好球，球隊就能贏得勝利，但還是差了一步。在裁判宣布比賽結束前，一切仍充滿了變數。前兄

弟象總教練吳復連也曾說過：「裁判沒有宣布停止，都有機會讓對手出局。」從這個角度來看，不難發現裁判在棒球比賽中的重要性，而裁判的判決也確實對球員和比賽結果具有強大的影響力。

舉個例子來說吧！除了中職的球員外，鈴木一朗是我相當欣賞的職棒球員。二〇一九年三月二十一日，當時四十五歲的他隨著西雅圖水手隊，前往東京與奧克蘭運動家隊進行大聯盟海外系列賽。他生涯的最後一個出局數，就出現在這一場比賽。

曾宣稱要打到五十歲，職業生涯總是打第一棒居多的他，這場比賽卻擔任第九棒；美日通算擊出四千三百六十七支安打的他，這場比賽卻是四打數零安打。

八局上，一朗擊出游擊方向滾地球，畫面上看來他似乎靠著腳程搶先站上一壘。如果一朗生涯的最後一個打席能夠以他招牌的快腿跑出一壘安打做結束，那該有多麼完美？但一壘審依舊判定他出局。從一壘審的角度來看，自己做出了正確的判決。但從球迷的角度來看，這個正確的完美判決，卻讓一朗棒球生涯最後這個出局數，不盡完美。

有時候，裁判也可能做出了不正確的判決，進而造成不完美的結果。二〇一〇

年六月一場美國職棒例行賽，由底特律老虎在主場對上克里夫蘭印地安人，比賽來到第九局二人出局時還是完全比賽狀態，在老虎隊的先發投手卡拉羅加（Armando Galarraga）的壓制下，對手還沒有任何一個打者能夠上壘。這時打者擊出一個平凡無奇的內野滾地球，一壘手傳給補位的投手完成封殺，結果一壘審雙手一舉，判定跑者安全上壘。一場難得的完全比賽就此消失，卡拉羅加一臉苦笑，因為他認為自己比跑者先一步踏到壘包，他抓到了這個重要的出局數。然而，那是一個沒有電視輔助判決的年代，即使從電視轉播單位的即時重播中，觀眾們仍可清楚看見跑者確實慢了一大步，但這個明顯的誤判無法立即改判，最終還是改變了比賽的結果。因為一個不完美的判決，本該是投手完美演出的一場「完全比賽」（perfect game）就此消失。

聽聞這樣的故事，當下我的反應和所有球迷一樣：這個裁判毀了一個偉大的紀錄，浪費了這一隊球員們全場的努力，怎麼可以這樣！

原本該是最後一個出局數，卻因為裁判的誤判而不見了。雖然卡拉羅加隨即穩定下來，讓下一棒打者出局，還是拿下了一安打完封勝，但對贏球的這一方來說，最後這個出局數根本不完美。統一獅的投手瑞安在二〇一八年時締造了中職史上第一場完全比賽，它是如此的罕見和困難，即使在美國職棒也是如此，所以當時那個誤判的後

座力，相當強勁。

當我只是一個單純的球迷時，我看待裁判和判決的角度和大家一樣。收看國際賽事轉播，我會因為愛國、大罵對中華隊做出不利判決的裁判；收看中職的比賽時，我也會因為看到出乎自己預期的好壞球判決，質問裁判的判決從何而來？從電視的重播畫面看來，結果根本不該如此啊！

這樣看待裁判及其判決的角度，在我接任中職會長後完全改觀。

領導不是看風向，而是守住法治的底線

在中職的團隊之中，裁判組是一個特

二〇一九年中華職棒大聯盟專業裁判訓練營，這場活動總計有三十餘名對裁判工作感興趣的學員，齊聚一堂。

別的存在。棒球場上的裁判有著巨大的權力，尤其是主審，他可以叫停比賽，他可以判人出局，他也可以趕人出場。然而，裁判的權力必然伴隨著巨大的責任和壓力，而他的每一個判決都必須有所本，也必須受人檢視及挑戰。

關於「波西條款」的判決爭議，就曾引起許多討論。二〇二〇年九月十日，在中信兄弟對樂天桃猿的比賽中，六局下半桃猿陳俊秀衝回本壘遭到觸殺，在樂天提出輔助判決挑戰後，裁判認定中信捕手陳家駒阻擋，違反俗稱「波西條款」的本壘攻防規則，改判陳俊秀得分。而在九月十八日兩隊的另一場比賽又出現「波西條款」的電視輔助判決挑戰，這次桃猿捕手林泓育並未因此被改判阻擋，於是遭中信

二〇一五年赴日擔任日歐對抗賽執法工作的四位傑出裁判，（由左至右）林金達、張展榮、江春緯、楊崇煇。

兄弟球迷質疑前後兩次都對同一隊不利。

我認為裁判就是聯盟在比賽之中的代表人。聯盟的工作是辦好比賽，而在棒球場上，對壘雙方之間唯一的第三者，就是裁判。裁判在棒球比賽中扮演的角色十分重要，過程中雙方投手投出的每一球，都要經過裁判的判決，比賽才能繼續進行。場上的裁判，代表了聯盟在這場比賽中的存在。裁判表現的好壞，也往往影響聯盟比賽舉辦的品質。在面對爭議判決時，我的看法是只要裁判謹守法治及道德底線，沒有徇私舞弊，而是依規定做出決斷，就應該由裁判說了算。

許多人聽了我的話，首先的反應都是驚訝和譁然，質疑我為何干犯眾怒，也要力挺裁判？事實上，這不只是我的第一反應，也是深思熟慮後的唯一解答。聯盟會長支持裁判的立場，並非什麼共犯結構，也不是力挺自家人的護短，而是出於對裁判威信及公信力的維護。我之所以主張裁判說了算，是因為比賽若要進行下去，就得建立對裁判的信賴——身為球迷或觀眾，你可以抗議、可以挑戰。現在有了電視輔助判決，一旦發現錯誤，還能當下改判。

我的要求清晰而一致：裁判的每一個判決，絕對不可以有道德品格上的瑕疵，絕不能為了私利而故意做出不利於某一方的判斷；更不能因為受到指責，就對任何球員

或球隊存有報復的心理。

裁判在場上的每一個判決，都可以被批評、被挑戰、被檢視，甚至被檢討。但絕不能被無端詆毀。

社會上經常聽到有人指責所謂「恐龍法官」，但有多少人是像該案的法官一般，確實看過所有證據，也聽過兩造雙方的說法，才做出決定的呢？我是律師出身，過去曾在法庭上和許多法官交手，雖然我也可能不認同某些法官做出的判決，然而，我若不是該案的委任律師，在不了解前因後果及兩造雙方關係的情況下，我絕不會立刻批評法官的判決失當。

所謂法官的自由心證，經常被人汙名化，認為是一種恣意的主觀判斷。事實上，法律無法鉅細靡遺地規範細節，面對不同的案子，它僅能提供原則供法官依循。所謂的自由心證，具備了清楚的標準，法官的工作便是根據實際狀況，確認各項條文是否適用。這是法官被訓練出來的專業，也是官司的訴訟程序之所以能夠順利進行的關鍵。

我因為接受執業律師的訓練，讓我知道在面對球團、球員及球迷的情緒時，該如

何抱持正確的態度。一如當事人對一審法官的判決不滿可以上訴，其實並不需要用力地去摧毀一審法官的人格和能力。在棒球場上也是一樣，中職已經進步到能夠使用電視輔助判決，若遭遇重大的問題，球隊都有權利依照規定，當場提出申訴。

場上裁判做出的每一個判決，都是依照規則、根據他們眼見的實際狀況所進行的判斷。螢幕前的觀眾，所在位置與裁判並不相同，我們能夠針對「某一球」反覆地重播觀看，但是裁判卻盯著「每一球」，並且在當下立即做出判斷。

做為聯盟的領導者，面對不利於裁判的輿論風向，亦須守住法治的底線。這是聯盟立足的基礎，也是對於裁判的支持。

給予制度上的支持，強化裁判的在職訓練

想像一下，若未來棒球比賽全數改採由人工智慧的機器負責裁判，比賽過程和結果會變成什麼樣子？中職已經進步到使用電視輔助判決，未來究竟是否要更進一步、改用機器進行判決？這是值得討論的。美國小聯盟和韓職已先後試用電子好球帶，將機器判讀的好壞球結果，透過耳機傳給場上的主審。目的是藉此降低誤判的可能，也

提供兩隊投手及打者固定的好球帶，日後便有一致的標準得以依循。有些球迷覺得這樣不錯，能夠減少爭議；有些球迷覺得裁判會就此失業，棒球將走向另一個世代；有些球迷則覺得這樣太過冰冷，一切交給電腦，人與人之間的比賽變得和電玩無異。

對我來說，棒球比賽由人來做裁判，會讓棒球帶有更多人性的味道。很多時候，雙方的攻防差距僅在毫秒之差，在看似機率各半的情況下，裁判必須馬上做出決定，其中確有容錯的空間。在我自己還只是個球迷的時候，我也和大家一樣，對於裁判的判決，抱持了個人的意見。若判決對我支持的隊伍不利，我會氣得跳腳、大罵裁判不公。而這正是看球的趣味之一。

誤判，其實也是比賽的一部分。

回到前述的那場「不完美的完全比賽」。那位五十五歲的一壘審在看了電視重播畫面後，發現自己誤判，流著淚承認自己的錯誤。他解釋當時確實認為跑者先上壘，直到看了重播後才知道並非如此。在隔天的比賽中，那位老裁判流著淚向那位年輕投手握手致意的畫面，傳遍了全美。裁判的真誠和投手的運動員精神，讓兩人獲得媒體及球界一致的讚揚。若比賽皆由機器判決，也就不可能出現這樣動人的故事了。

當運動員宣誓服從裁判，並非放棄自己的權利，而是給予比賽及對手足夠的尊重。也因為有了運動員的宣誓，裁判肩上的壓力更顯巨大，他們必須做出正確的判決、才能對得起信任專業判斷的球員們。

在深入了解裁判的工作後，我覺得每位裁判都彷彿具備了超能力。首先，裁判必須體力絕佳。一場比賽，球員可以攻守交換，但是裁判卻得一站就是整場。除了五局結束、進行場地整理時能抽空去一趟廁所，其他時間都得全神貫注盯著場上的狀況，即使攻守交換的短暫空檔，也要仔細注意場地的情形，檢查何處需要整理，幾乎沒有休息的時間，比賽進行時更無鬆懈的空檔。

其次，他們的心臟還要夠強。以站在本壘板後方的主審裁判來說，投手動輒一百四十幾公里的速球往自己面前丟過來，捕手還有手套加上護具，打者則能側著身、站在外側看球進壘，但主審卻必須將頭湊過去。一般人看到球朝著自己方向飛來時的反應，往往都是將眼睛閉上，可是裁判卻得固定不動，注視著球的進壘點。

至於其他壘審和線審，也一樣得扛住壓力，在攻守交鋒的時刻、面對滿場的球迷鼓譟，於短短的一瞬間做出判決。場上的狀況瞬息萬變，在根據規則做出正確的判斷之外，該如何隨時保持專注、立即移動到適當的位置，兼顧看清雙方的動作，站位又

不至於影響球員的攻守表現——這些專業能力，若非經過嚴格的訓練及長期的養成，絕對無法擁有。

此外，還得耐得住苦悶。正因為有裁判的存在，比賽才能順利地進行。然而這群勞苦功高的「執法者」，在一般時候往往得不到應有的讚美，一旦出了問題，卻經常成為眾矢之的。儘管他們一直和球員們一同站在場上，但球迷矚目的焦點從來不在裁判身上。

我無法想像，若是自己站上主審的位置，情況將會如何？我絕對不可能像中職的裁判那般，體力好、抗壓性強，還能承受那樣的苦悶。當場內響起的掌聲並非獻給他們的喝采，唯有堅信自己存在的價值，不以名利為先、基於對棒球的熱愛，才會繼續站在球場上。

正因如此，在任期間我除了要求裁判遵守道德與法治，並保持中立的心態外，也透過制度和訓練幫助他們提高執法的精準度，進一步強化裁判的信心與價值。每年球季後，聯盟都安排了裁判訓練，針對當季具爭議性的判決，製作成個案進行檢討。我們還曾於二〇一五年斥資百萬，送中生代四位裁判前往美國裁判學校，接受高等裁判講習課程；也舉辦過台日韓裁判長的研討會，讓資深的裁判們能夠透過交流，繼續成

長。二〇一七年，中職恢復舉辦中職與日職裁判講習會，並邀請日籍裁判共同擔任講師，目的是培養新血，讓更多對裁判工作感興趣者，能夠加入到這個團隊之中。

由於中職為裁判創造了一個受尊重的環境，讓資深的前輩願意繼續留任，台灣得以出現第一位執法超過三千場的蘇建文裁判。此外，中職裁判的專業度更受到國際的肯定。在二〇二〇年一月世界棒壘球總會（WBSC）公布的東京奧運棒壘球技術人員與裁判名單上，中職的紀華文裁判不僅是台灣唯一入選的裁判，更是那份十一人名單中唯一來自亞洲的裁判[1]。之前紀華文也曾在二〇一五年成為WBSC評選的世界最佳裁判。

二〇一七年CPBL & NPB裁判講習會，本次活動除了有中華職棒裁判長擔任講師外，還邀請到兩位日職資深裁判參與。

在接任會長職務前，我並無機會結識任何裁判。但由於擔任會長，讓我有幸認識這群充滿熱情的大男生。猶記某次與裁判們同行，前去日本參與比賽的執法，會後我宴請他們用餐。沒想到回國後，這些可愛的裁判居然說因為他們吃了大餐讓我破費，希望有機會能夠回請。當時我打從心底感受到這群裁判的真誠，照顧他們原是我身為會長的分內職責，但他們卻將一切全放在心上，這也讓我看到了他們在專業執法外，溫暖的另一面。

三度管理：制度、態度與溫度

對於中職的管理，我一直是從制度、態度與溫度三大方向進行思考——要求自

二〇一五年赴東京觀看十二強賽事，與兩名資深執法裁判蘇建文（右一）和紀華文（左二）合影。

己對事遵守制度、對自身重視態度、對人展現溫度。事實上，每一個具爭議的判決，都是在制度下進行。只要制度尚未改變，就必須依循當時有效的規定。這並不是說我們就該長期死守著制度不放、不嘗試任何改動以求得進步。而是在事情發生的當下，對制度的尊重及恪守仍應放在第一位。其後若發現既有的制度出現問題，也需進行修正，但在制度尚未被妥善修改前，現行制度便是遵行的準則。

尊重制度，是面對問題時應有的態度。遭遇批判和不滿，理應虛心接受，但若是過當的詆毀和謾罵迎面而來，也應堅定地捍衛裁判的尊嚴和公正。這是我對自己的要求，也是會長理所當然的擔當。

對於每一位共事的裁判，我誠心地希望他們能感受到聯盟的溫度。球迷們不期待看到裁判在場上出現任何的情緒，這份工作必須時刻保持冷靜。然而，脫下裁判的護具，他們也都是一般人。正因為負責的工作對於聯盟及比賽來說如此重要，所有裁判都值得更具溫度的對待。

和這群裁判的相處，讓我從中學到更多「換位思考」的技巧，人說換了位置就換了腦袋，我卻認為換了位置、就必須換更多的腦袋，才能更周全地思考。從球迷的位置更換到會長的位置之後，我不能像過去一樣肆無忌憚地發洩，而是要從聯盟及裁判

的角度，縝密考慮。而今，我又從會長的位置回歸到球迷的位置，但因為和這群裁判的共同記憶，未來我在觀賞球賽的時候，一切將變得更有人味。

1 在這份十一人名單中，有三人來自美國，其他八人分別來自於台灣、古巴、加拿大、尼加拉瓜、墨西哥、義大利、波多黎各及澳洲。

10

最佳十人

Key Word 創意

用創意來創造可能性

中職如何經營球迷？

我認為運用「創意」，才能點石成金。

「再打不好只能打第十棒了。」這是前兄弟象總教練王光輝說過的一句玩笑話。人稱「萬人迷」的他，生涯十三次入選明星賽，拿過六次總冠軍，曾以一壘手身分獲選六次最佳十人及三次金手套，也拿過一次打擊王，是一代象的指標球星。他的長子王威晨於二〇一六年在中信兄弟一軍登場，也在二〇二〇年以三壘手身分拿下最佳十人及金手套。父子不只在同隊一軍留下出賽紀錄，也創下中職史上首對父子檔拿下雙獎的紀錄，完美實踐了中職球星的世代傳承。

原本是兄弟不動四棒的王光輝，曾在一九九五年球季陷入低潮，由於棒次被不斷往後調，當時面對記者的詢問，曾說出「再打不好只能打第十棒了」這句話。打第十棒意味著失去先發機會，只能在球員休息室裡當啦啦隊。不過，從另一個角度想，不曾被排入九個棒次之中的球迷正是球隊打線的第十棒，而每一局的防守之所以完整，除了場上守備的九人之外，也確實需要場邊球迷扮演啦啦隊，為球員們加油。

棒球裡的最佳第十人，非場邊的球迷莫屬。該如何協助球隊創造出更多最佳第十人，正是聯盟努力的目標。而我沒有想到的是，這樣的創意過程，竟也在我卸任後，啟發了自己人生的下一步。

創造出更多的最佳第十人

10，在棒球場上象徵了超越。場上九個守備位置、九個棒次、九局正規比賽……當「10」這個數字出現，就代表延長的開始。它不僅意味著局數的延長，也是球隊精神的延長——從九局到十局，再從場上到場邊，更從球員到球迷。

在此我想分享的並非代表傑出球員的最佳十人，而是代表球迷的最佳第十人。過往，中職只設有「最佳九人」的獎項，一開始是頒給當年度各個位置攻守表現最出色的球員。後來加入了「最佳指定打擊」獎，也因此最佳九人獎變成了最佳十人獎。雖然最佳十人獎是頒給球員，但場上最佳的第十人，依然屬於坐在看台上的球迷們。

桃猿稱呼他們的球迷為「十號隊友」，也是因為十號是最具代表性的球迷背號，象徵著球迷是幫助球隊在場上奪勝的最佳第十人。這也點出了一個有趣的現象：中職的觀眾，其實絕大多數都是某一特定球隊的球迷，或是認同某一位球星的球迷，但卻很少有專屬於這個聯盟的球迷。

大多數進場看球或是收看電視轉播的觀眾，都有自己支持的球隊。雖然他們都可

以被視為是這整個聯盟的球迷，但他們支持中職的方式，幾乎都是透過支持特定球隊或是球星，球隊才是球迷們最強烈的認同及依歸。你可以很容易地聽到球迷說他是象迷，獅迷或猿迷，但很少聽到球迷自稱是「中職迷」。即使沒有喜歡的球隊，只是喜歡看球，也會聽到他們說自己是「棒球迷」。中職似乎在「球隊及球星」和「棒球運動」這兩個端點之間，成了被忽略的那個認同主體。

也因此，我在任內進一步地利用行銷來打造出中職這個運動品牌，聯盟要拉升自己的品牌層次，塑造中職的認同感，創造出屬於聯盟的球迷。有人會認為這麼做沒有必要，他們覺得聯盟就是負責辦比賽，不需要做太多額外的事。我則認為中職不應只是一個向各隊收取服務費的存在，我們不僅要把賽事辦好，更要有行銷「賽事」的能力和企圖心。

這麼做，並不是在和其他球隊搶球迷或是搶生意，反而是相輔相成，互相幫襯，一起把國內的運動市場做大，強化職棒的消費習慣。因為對於現在的消費者來說，生活裡能夠取得的娛樂活動實在太多了，而每個人每天能有的休閒娛樂時間是有限的，能花在休閒消費上的金額，也要分配給許多不同的新興娛樂活動。職棒想要和其他娛樂活動搶人氣，就必須用創意找出路。

舉例來說，過往，固定會去看棒球比賽的人，我們認為他／她一定是個棒球迷，然而，在二〇一三年Lamigo桃猿結合台、日、韓三國的職棒加油團文化，開始導入「猿風加油」的電子應援方式，在自己的「全猿主場」打造出不同以往的觀賽體驗後，現在也有很多人去球場「湊熱鬧」。看球變成像是參加一場戶外的聲光派對，享受現場集體應援加油的新鮮娛樂。職棒比賽原本就是提供娛樂的服務，而不同的行銷及產品包裝方式，把「職棒觀賽」這個體驗性的商品內容重新包裝，就能藉以吸引到原本不是棒球迷或是運動迷的消費者。

在這個娛樂選項爆炸的新時代，除了各球團不斷用創意的行銷方式，替台灣的職棒市場帶來更多的球迷和消費者，創造出更多潛在的最佳第十人之外，中職自己也必須有經營新世代球迷的策略思考及作為，打造出中職的品牌。

經營球迷，從生活做起

在我的中職品牌藍圖裡，中職賽事的品牌行銷必須多元，而且能夠透過不同管道，和實際的賽事相互整合在一起。無論是電視及多元平台的轉播，網路及球迷社群

的經營，周邊商品的設計銷售，贊助聯名廠商的共同推廣，或是支持公益關懷及社會責任的主題活動，都應該和賽事本身密不可分，實際進場或是看轉播的球迷，都能夠體驗到中職的賽事魅力，讓職棒賽事接觸到既有球迷及潛在消費者的各個生活層面。

棒球，就該是生活。這也是中職形象口號「Baseball is Life」的核心意義。棒球場上發生的事，應該透過行銷，讓他們和球迷的生活息息相關，產生更多聯結。舉個例子來說，當中職年終的頒獎典禮設置了「東山再起」這個獎項，就是在呼應每個人的人生考驗，總是希望能挺過低潮，重新站起來。美國職棒也有東山再起這樣的獎項，而有一年他們找到的贊助商是藥品威而鋼（Viagra），這樣的創意就為這個獎項創造了不少話題。

每一季的例行賽，行銷活動的主導權都是在各球團行銷團隊手中，中職團隊能夠實際負責行銷的賽事，僅限於季初的官辦熱身賽，季中的明星賽，球季結束後的特別賽事，像是冬盟、中職日職對抗賽、亞洲職業棒球冠軍爭霸戰，以及取得組訓賽權利後的十二強賽和奧運資格賽。在賽事之外，能夠針對球迷進行創意行銷的活動，就是選秀會、年度頒獎典禮、聯盟主辦的夏令營及主題特展等活動。

舉例來說，從官辦熱身賽開始，我們就嘗試加入不同的行銷賣點。二〇一五年開

我邀請從日本西點專科學校深造回台的美德糕餅舖二代傳人鍾芯誼，為「台灣職業棒球發展座談會」製作了棒球主題杯子蛋糕。

二〇一五年的中職標語：「Baseball is life」

始了企業冠名贊助的商業合作模式，後來也將冠名模式結合到公益活動，並在現場設計不同的球迷互動體驗。在熱身賽的票房紀錄創下新高的同時，商業贊助也給合作廠商帶來所需的媒體曝光效益，為聯盟注入更多收益，也讓進場的球迷有更豐富的娛樂經驗。

職棒三十一年的總冠軍賽，聯盟也與台灣精品冠名合作，透過共同行銷，形塑中職「台灣大賽」的賽事品牌，凸顯出其代表台灣運動產業的精品形象。而在「特別賽事」的部分，復辦的冬盟賽事不只是中職的國際視窗，讓其他國家的球迷看到中職，也讓中職的球迷有機會看到其他國家的潛力好手。

至於聯盟促成在日本舉辦的中職日職對抗賽，則是中職聯隊對抗日本武士國家隊的高張力賽事，中職在行銷的配合上，第一屆時以「中華挺中華」為名，促成中華航空包機讓球迷和球隊前往比賽，對於參與的球迷來說，創造了難得的互動經驗。而二〇一七年中職聯隊首度打敗日本武士國家隊，不只振奮了國內球迷，也提升了中職的戰力形象。

為了讓中職主辦的賽事，有更多屬於自己的品牌象徵，中職也首度培訓及海選出專屬的啦啦隊，這些棒球女孩的甄選過程，也隨著球迷使用媒體和生活習慣的演變，

而使用不一樣的方式進行。第一代棒球女孩是經過投稿影片選出入圍者，然後在明星賽時進行棒球女孩的冠軍爭奪戰。到了第二代就結合時下流行的新媒體直播平台進行選拔。這些過程，都與中職賽事以及球迷的生活緊緊結合，棒球女孩和球迷們的互動，也成為中職品牌活化的媒介。

除了賽事之外，各項聯盟主辦的活動也結合不同年齡層球迷的生活及創意。像是二〇一七年聯盟出奇招，將年度選秀會首度南移到台中洲際文創園區舉行，選秀過程也經過包裝，讓該場選秀會在媒體平台上創下新高收視。同年，聯盟又包下了台北東區夜店舉行年度頒獎典禮，為獲獎球員及熱愛夜店文化的千禧球迷帶來不一樣的驚喜。為了已經成家立業有孩子的球迷家庭，聯盟首創的棒球小小兵全方位體驗營，則是一開放報名就立即秒殺，身為球迷的家長也願意讓自己的孩子接觸更多屬於台灣的棒球文化，這些小小兵未來也可能會成為中職的新生代球迷。

另外，中職也努力形塑屬於聯盟的文化形象，深度結合台灣既有的棒球傳統與歷史。像是完成「中華職棒線上文物展」，讓各個世代的球迷可以透過網路，接觸到聯盟超過兩千件的文物收藏，這是屬於中職的聯盟歷史和傳承，聯盟創造出這個平台，讓過往的歷史能夠被老一代的球迷重溫及辨認，被新一代的球迷探索及發現。另外也

舉辦首屆「中華職棒棒球影展」，把看球和看電影這兩種娛樂文化揉合在一起，也加深了中職跨場域的文化底蘊。

這些賽事和活動，都是中職團隊主動規畫出來的，聯盟的初衷是為了提高棒球市場熱度，讓賽事及中職的品牌形象更深入到球迷生活之中。

職棒隊，就是一個城市的名片

一個城市若有一支職棒隊，等於有一張向世人介紹自己的名片。人們會因為住在這座城市而愛上這支球隊，旅人們也會因為這支球隊而認得這座城市。對於在地的市民來說，這是屬地主義的社區認同，對於外地前來造訪的旅人來說，這是運動觀光的無窮潛力。

在我當縣長時，就促成 Lamigo 認養桃園球場。在那個年代，這樣的觀念並不普及，但對我來說，這樣的做法卻是再好也不過了，因為它能帶來多重的效益。當公務體系還困守在過去的觀念，讓職棒球隊無法透過球場經營來和城市深化聯結時，我就必須透過溝通協調，一步一步地讓行政部門和立法單位了解，城市需要的是產業的發

展和既有硬體設施的持續有效利用，若是沒有讓球隊有獲利和自主的空間，是沒有辦法創造政府、市民和企業的三贏局面。

我也用同樣的觀念和聯盟的同仁溝通，希望每一座擁有職棒隊的城市，都能和聯盟及球隊一起，打造出在地情感的聯結和文化代表性。二〇一五年總冠軍賽創下了史上最高人數，但那不過是我接任會長的第一年，這樣的成績全是前人努力的成果，所以我必須要在這個成就上繼續為聯盟追高。

聯盟的第一步動作，是進一步深化球隊與地方的聯結，這一步，各球團與聯盟很有共識。Lamigo 過去幾年建立了主場經營模式，在桃猿隊轉手給樂天後，依舊在

就連路邊的共享單車上也訴說著辛辛那提一九七五年世界大賽奪冠的歷史。

桃園維持「全猿主場」的在地主義，確立了這是中職球隊未來發展的道路，也有了成功的證明。像是富邦悍將就認養新莊球場，而在新竹球場重建後，味全龍也取得新竹球場經營權，透過他們對於主場的軟硬體經營，把球隊與城市的情感及認同給橋接起來。讓職棒隊真正成為一個城市的名片，目前各球團都是繼續往此一正確的方向前進。

在我上任會長的第一年，代表中職出訪在美國辛辛那提舉辦的MLB全明星賽。從我們飛機落地的那一刻起，就發現整座城市都因為這場明星賽而活躍了起來，觸目所及都能看到明星賽的布置及意象，讓人充滿了對比賽的期待，一直到我們走進投宿的飯店房間，美職人員還用全

整個城市共襄盛舉，全員投入MLB全明星賽這場盛會。

套本屆明星賽的周邊商品把房間給布置起來。

這樣的經驗，讓我覺得我們自己的明星賽也可以更有自己的特色，結合自己的球星和城市，帶出更多不一樣的可能性。於是我們對明星賽展開一系列的行銷改革，試著注入更多的創意元素。

像是在二〇一五年，明星賽就改用球員的體重來做為紅白兩隊的分組方式，帶來不同的新意。在明星賽期間，邀請台灣球迷熟知的球星吉昂比（Jason Giambi）及羅德里奎茲（Ivan Rodriguez）來台，兩位前大聯盟球星穿著牛仔褲進行全壘打大賽的畫面，也成為當年度的話題之一。二〇一六年由於陳金鋒即將引退，那年的明

二〇一五年中華職棒紅白明星對抗賽，「臺銀力量紅隊」成員，由高於守備位置之平均體重的球員組成。

星賽，聯盟以自家看板球星為主，順勢創造出台灣隊長52號的熱潮。到了二〇一七年，明星賽更首度移師到花蓮，不只照顧花東球迷，也讓許多職棒明星能在老家的鄉親面前展現球技，做為回饋球員故鄉的方式。到了二〇一八年，我們復辦具有中職歷史及傳統特色的「五項戰技」，並改變了一般明星賽的順序，先打紅白對抗再進行五項戰技，為的就是創造更多關注和高潮。在二〇一九年，因應十二強的賽事準備，明星賽改由中職明星來對抗中華隊，並且在五項戰技中新增「打準比賽」。這一切的創意，都是以我們自己在地的文化、球星和城市為本，透過明星賽把自己的認同感給展現出來。

聯盟的角色和功能，並不是為特定一

二〇一五年中華職棒紅白明星對抗賽，「台啤速度白隊」成員，由低於守備位置之平均體重的球員組成。

支球隊去打市場，而是取得共識一同經營職棒產業。聯盟能夠實際負責球迷行銷及經營的機會並不多，但如何在這有限的舞台之上，為整體職棒增加票房和關注度，也是聯盟的責任。

中職三十年特展，找回不斷的球迷

在中職這六年，同仁們的創意真的層出不窮，聯盟行銷的方式也愈來愈靈活。像是年度的中職頒獎典禮變成中華隊的壯行儀式，或是設計專屬的台灣犬logo，還取了名字叫「歐告」（黑狗台語諧音），中職不斷地有新創意出來。

而「不斷」的概念，也被用來創造出一個別致的商品，名字就叫「不斷象棋組」。每一顆象棋都是用斷掉的球棒回收製作，再重新打磨上字而成，並且放在用棒球紀錄表做成的棋盤上。原本斷掉了就沒有用的球棒，從此有了新生命，有了新用途，在這層意義上，這球棒其實並沒有斷，它和棒球的緣分仍是存在。

這套中職開發的獨家商品，有著多重的象徵意涵。它是環保、公益和永續經營的體現，讓中職這樣不斷製造斷棒，消耗自然樹木資源的一個職棒聯盟，能有一個讓

資源重生的方式。它也表現出了東方及台灣文化的底蘊，而象棋本身也被視為一種運動，兩者的結合確實很完美。這套「不斷象棋組」的製作設計，從裡到外都充滿了棒球的意涵，每一個細節，都可以說出一段和中職有關的故事，所以每次出國參訪，它都是我們送給外賓最適合的見面禮。

說到「不斷」這個概念，中職在三十週年舉辦的特展，也讓中職重新找回老球迷，並發現新球迷。當我在職棒二十九年初說要舉辦這樣的特展時，很多人都覺得莫名其妙，為什麼要花費心思去做這樣的事情？而我站在中職品牌營造及球迷經營的觀點上，認為中職已經走過了三十年，這中間的風風雨雨，讓這個老牌聯盟失去

二〇一八年訪澳時贈送「不斷象棋組」給澳職執行長 Cam Vale。

了不少球迷，而許多新一代的球迷，並不認識中職輝煌的過去。我不想讓新舊兩代的球迷出現斷層，即使是充滿挑戰性的嘗試，也該讓球迷有機會品味、回憶中職的過去。

為了要接續這不斷的緣分，中職三十週年特展就在毫無先例可循的情況下草創，在同仁及策展團隊的共同努力之下，特展帶來了很大的回響，在台北場結束了之後，還到高雄續展。策展團隊還以此一特展報名德國紅點設計獎，獲得了展覽會場設計紅點獎（Red Dot Award）的肯定。

創意並不是我的主要工作，但我很重視創意，而我能做的，是創造出足夠的空間和明確的方向，讓實際負責的專業同仁

二〇一九年中華職棒明星賽推出了TEAM TAIWAN、四隊明星賽、品牌聯名、彭政閔人氣王等四個系列的賽事商品。

去發揮他們的創意。在放手讓他們去做之後，他們創造出來的可能性，也完全超乎我原來的預期。從這個角度來看，我也被這群充滿創意的年輕人給「圈粉」，成了支持這一群中職團隊的球迷了。

二次創業，是改變人生球路的驚喜

我自己人生的比賽，則是在卸下會長職務後，創造了超出我預期的可能性。

這六年我看到了很多事情的不同層面，也因此對自己有了不同的思考。舉例來說，這些年我近距離地接觸到很多球員，無論是從還沒上任就直接南下探訪各隊的春訓，還是季末的頒獎典禮，都讓我認識到球員們的不同面向。我看待球員的角度，不再只是從一個球迷的單純與熱情出發，而是從制度面去了解聯盟的規章及走向，思考聯盟的一切作為，會對於球員的生涯發展產生什麼樣的影響。因為從季初到季後，聯盟所做的每一件事情和決定，都和球員的生計息息相關。

看了這麼多球員，他們讓我想到自己。球員的職棒生涯，比起社會上其他專業領域的受薪階級來說，相對地要來得更為短暫，很少人能打到三十五歲以上。而他們要

面對的競爭，相形之下又是極為激烈。他們甚至還得面對比一般人更高的意外風險，一旦因為受傷而無法再發揮出相同的水準，原本的就業優勢就會消失無蹤，必須另尋出路。雖然一般人的身體出現狀況，也同樣會直接影響到他們的薪資條件和工作機會，但與職棒球員的狀況相比，職業選手實在太容易出現因為受傷而被迫告別球員生涯的情況。

看到球員要面對這樣多變的就業環境，年紀已過五十歲的我，也必須審視自己的狀況，我雖然並不是在球場上打球的職業球員，但我自己的人生就和其他所有人一樣，依舊是一場漫長的比賽，一輩子都得面對競爭對手的挑戰。

如果我在前面取得了領先，接下來就必須想好該如何保住優勢；若是處於平手或是落後，到了比賽的中段，更應該要拿出不一樣的戰術來試著改變現況。

先發投手已經投滿了五局之後，接下來就該做出換投的決定，當打者已經熟悉了投手的球路，是時候要帶來一點不同的改變。而在現實人生賽場上的我也在此時改變了先前的球路，決定在中年二次創業，設立一家與眾不同的顧問公司，希望能創造出驚喜的成功。

我的三創學堂：創意、創業、創新

當年剛從哈佛畢業返台，第一次創業成立自己的律師事務所，那時還年輕，沒什麼好怕的。多年後再度創業，心情就不一樣了。這次是改造一家既有的公司，人員除了原來的創辦人之外，全數打散重建。在我的規畫當中，這家公司是傳承之前的良好基因，然後開創出全新的服務型態。

過去的我，總是進入一個既有的機構工作，無論是進入法律事務所、政黨、立法院、縣政府，還是職棒聯盟，都是在既有的體系內達成組織的總體目標。就算是自己開業，也還是一板一眼的法律事務所，和其他事務所沒有什麼不同。

我以前就像是個飛行員，很多時候都是坐上人家設計好的飛機。這些飛機可能有分很多種，有些是需要安全的大型客機，有些是需要表現的特技飛機，但無論我是個機長，還是個特技駕駛員，我該做的就是把各種交到我手中的飛機給飛上去，順利完成飛行的目標。若是客機，就把機上的乘客安全帶到目的地，若是特技飛機，就在空中用花式的翻滾，讓地面上的觀眾驚聲歡呼。

然而現在，我依舊想要繼續飛行，但我卻有了新的念頭：想要打造出自己想要的飛機。一切都不一樣了，以前是人家把一切的基本條件給準備好了，我來就是進入駕駛艙，發動引擎，帶著組員起飛。在過程之中，就算我會針對狀況，要求對飛機做出調校和整備，那也是為了既定的任務，並配合既有的航線和條件來進行。然而，現在卻是我想要設計出一輛全新的機型，從無到有的計畫，都是由我發起，從飛行的目的到範圍，都是由我決定，從外觀到性能，我都得要全程盯著。而從一根螺絲釘到組建的所有花費，也都是我要一力承擔。

我會做出這樣的決定，也是和我自己過去在中華大學開設的「三創學堂」有關。那門課上，我透過各行各業的菁英人士到課堂上來和學生分享他／她們的成功故事，重點就是在講述「創意」、「創業」和「創新」這三創之間的彼此關係：

創意，是一切的起點，有了好的主意，才會有創業的基礎和契機。而創業後也不能只是守成，必須不斷創新，事業才能突破瓶頸，不斷發展下去。

當年我要參選立委，投入政治的時候，就有朋友警告我說政治是一條「不歸路」。一旦開始了，就不能回頭。但我並不這麼想，我認為只要有意願，有能力，任何一條路都不會是單行道，一定能夠開創出一條全新的「交流道」，讓接下來前進的方向不

再一樣，但又始終彼此聯結。

從薩克斯風手／機械系學生／律師／教師／立委／廣播節目主持人／縣長／運動管理博士生／會長，我自己的「斜槓人生發展史」，就從音樂／科技／商業／政治／媒體／教育／運動，這樣一路「槓」出來了不少意料之外的發展。

每加上一個斜槓，不只是人生道路上的全新「交流道」，也幫我在下一個斜槓到來之前做好準備。像是我在念機械系時認識的同學，後來有些成了我法律事務所的創始客戶；而我在做廣播節目時請來與談的特別來賓，都是各行各業的菁英，也成為我後來開課時的講者，或是我擔任職棒會長時諮詢相關專業事務的對象；至於我擔任中職會長的資歷，也讓我在成立新公司後，決定專門成立一個「運動休閒文創產業」的服務類別。

即使現在這麼忙，我依舊在努力完成自己在國立體大的運動管理博士學位。我相信一切的努力，都不會白費。因為對我來說，我就是個停不下來的人。我不停地在腦海中轉著念頭，這腦海裡捲起各種新知識所形成的大浪，不斷地向沙灘上的我一波一波地襲打過來，而我就這樣在沙灘上不斷爬梳著自己感興趣的貝殼，放進我的腦袋裡。我曾和我太太討論過這「中年創業」的決定，在聽我說了要創業的時候，我太太

只問了我一句話：

「是不是要這樣你才會開心呢？」

其實她早就知道答案了。我的人生不允許有撞牆期，一旦我的心閒下來了，那會非常空虛，反而無法享受人生。我喜歡念書，不斷吸收新知，我也已經有足夠的專業，可以幫助人家，同時也認識了很多朋友，可以互相支持。我喜歡迎接新的挑戰，用我的知識與專業服務別人。

這就好像我的人生裡派上的第一任先發投手，在投完了前五局之後，可能打者都已經摸清了我的球路和策略，接下來該派不同的中繼投手上來，是時候創造些不同的驚喜了。當其他人以為人生走到五十歲時已經沒有新招，其實接下來的比賽還長得很，我還是有屬於我自己的創意可以發揮。在我卸任會長、自身職涯的比賽也開始進入中半段的局數時，同樣得要保持優勢，並且改變策略來創造新的契機。

過去，我總是要求自己的團隊要不斷地用創意去經營中職的品牌形象，用靈活的行銷去創造更多元的賽事及活動，努力去貼近球迷的生活，為中職及各球團創造出更多最佳第十人的球迷支持。當我這麼做了六年之後，無形之中也在我自己的心裡注入

了創造的動力。現在我看待自己人生的賽事，也懂得用創意的角度去思考。我總不能只是叫別人這麼做，到了自己身上卻無法身體力行吧！

於是，我做出了換投的決定，自己走下了看台，從看球的人變成打球的人。這時，最佳第十人的形象，倒成了我的「十」字路口。在現實人生賽場上的我，決定在此時二次創業，不只希望能夠成功，也希望能夠創造出更多的驚喜。

過去擔任中執會長的經驗，啟發我在新公司中成立一個為運動休閒文創產業服務的部門。

II

十二月先生

Key Word 細節

反敗爲勝的關鍵

新冠疫情打亂了全球的運動產業，
台灣和中職之所以能挺住，全靠對「細節」的重視。

在王建民帶領洋基席捲台灣社會的年代，很多球迷都聽過隊長基特（Derek Jeter）有個名號，叫做「十一月先生」。這個名號的由來，是在王建民成為洋基王牌之前的事情。大聯盟的世界大賽被稱為「秋季經典」，一般不會打到十一月，然而在二〇〇一年時，因為九一一恐攻事件讓大聯盟的季後賽延後，那年洋基在世界大賽對上響尾蛇，在十月三十一日晚間舉行的比賽，兩隊以三比三平手進入延長賽。而基特在敲出再見全壘打的時候，已經是隔天十一月一日的凌晨，也因此他受封了這樣的稱號。

那是大聯盟史上第一次在十一月進行比賽，能夠成就十一月先生，是因為發生了像九一一恐攻事件這樣難以預期的特殊情況。世界在二〇二〇年發生新冠疫情的時候也是一樣，讓各國職棒差一點沒辦法開打，只是中職的十一月先生不是只有一個人，而是所有參與這個球季的每一個球員、球迷和工作人員，讓中職三十一年球季能順利完賽，打到十一月八日的總冠軍賽更是打好打滿，到第七戰才結束了這百味雜陳的一季。

我們的家，就是本壘

當新冠疫情爆發的時候，很多人認為中職該直接取消比賽。然而，他們不知道的是，別人是在家工作（work from home），我們也是在本壘工作（work from"home"）。打棒球就是職業球員的工作，若是在安全許可的狀況下，職棒球員是應該可以繼續工作的。

美國職棒沒有辦法如期開打，造成了一個嚴重縮水的球季，過去別人總說美職是眾人學習的標竿，沒想到，這次新冠疫情卻讓主客易位。美職一直以來進行的錢鬥，讓球隊及球員之間的勞資關係變得很糟，雙方也沒有將球迷擺在心裡的第一位。與美職相比，中職沒有砍場次，也沒有減薪水。說到閉門開打，其實對球團來說經營壓力最大，但我們還是挺下來了。

要開打之前，中職可以說是受到了各方壓力。其中不少社會大眾就會覺得職棒是非必要的活動，很多的地方首長也都說，美國日本都沒打，你們是比較厲害嗎？他們都忽略了這是職棒球員的例行工作，這不是在玩，不是在放煙火辦派對，而是認真正式的工作。

人家在室內工作都沒禁止了，我們是在戶外工作又何必禁止？我最近幾次被邀請去演講，講述關於中職是如何成功防疫，順利開打，我又是如何思考，如何和中央、地方政府打交道，這些是我的防疫工作心法。

在結束演講後，總是有會後的QA時間。參加的有不少是桃園的地方人士，沒想到他們的問題都不太一樣：像是「你縣長做得不錯啊，這個會長也做得很像樣，那你接下來想要做什麼？」我啞然失笑，果然每個人有興趣的問題角度都彼此不同，我只是笑著回答：「繼續做對眾生有意義的事情啊！」

時候未到，還不知道。但在中職三十一年球季開打之前，我也不知道這一季會如此特別。

風暴將至的預感

早在二〇二〇年一月初，就聽說大陸武漢出現不明的嚴重肺炎，那時我就想到了當年的SARS，我第一時間就指示賽務部加強監控相關新聞及事態發展，蒐集國內外的新聞輿情進行分析。到了過年時，傳出武漢封城的消息，以我曾經做為縣長的

角度，想見事態已經非常嚴重。我決定成立緊急應變小組，找來聯盟一級主管、高級職員、五隊代表、法律顧問以及防疫專家等做為小組成員，由會長擔任召集人。

之所以要有法律顧問，是因為我們接下來種種應變作為，都必須和法律顧問確認是否符合現行法律規定。第一要符合最新規範，必須遵守政府頒行的各項規章；第二是要做到消費者保護，我們要知道什麼程度之下可以開放？我們是否可以繼續賣票？該如何盡到告知消費者的義務？第三則是針對球員的保護，球員雖然不適用勞動基準法，但若是比賽不能開打，球員是否依舊能夠領到薪水？聯盟該如何因應可能發生的勞資爭議？若是比賽開打而造成球員染疫甚或死亡，聯盟依法又該如何處理？

此時我也指示國際組，開始蒐集國際各運動聯盟的應變措施及最新做法，做為接下來起草實際行動方案的參考。至於最重要的防疫專家，我邀請了過去有私人之誼的陳宜民教授，因為我們同是立委和黨團幹部，那時我是書記長，而他是首席副書記長，我經常叫他「首副」，用「首富」的諧音來開他玩笑。有了這層交情和信任，加上他專業的醫師背景，更讓中職的防疫工作整個動了起來。那時從官辦熱身賽開打，他就一起到球場去看我們現有的防疫措施，鉅細靡遺地在現場提供專業改善意見，像是販賣區通風不好，到時若是大排長龍，會有危險，所以建議移到場外等等。

回想起來，我們沒有標準作業流程的前例可循，面對防疫，一切都是在黑暗中摸索，一步一步地前進。早在二月，中職就啟動防疫，為了未知的新冠肺炎，公布了相關防疫措施。那時我還是南下去探訪各隊春訓，然而到了三月二日，我們就確定因為新冠疫情而延賽，宣告延至三月二十八日開打，而六搶一資格賽也宣布延期。

防疫大作戰，其實是一場心理戰

做為主辦比賽的聯盟，我們若要在疫情期間順利開打，不只要面對社會大眾的恐慌心理，也要掌握政府主管機關的顧慮心態，更得要和我們自己的球員和員工們進行心理戰。這並不是說中職要和身邊的這些人們掀起戰端，站在所有人的對立面，相反地，我們的心理作戰是要從激烈的衝突之中，找到各方合意的最大公約數。那樣的空間並不大，而且很多時候是需要從心理面的防禦工事開始，一步一步建立基礎。

就連聯盟的工作人員，我們也一樣是處於心理作戰的狀況之下。回想起來，工作人員站在聯盟防疫的第一線，他們的心理強度，直接影響了我們防疫作戰的成效及品質。聯盟必須要讓我們的球迷、球員、球團和聯盟工作人員相信，我們已經在現有最

充分的資訊及資源下，將防疫措施的成效達成最大程度的優化。

防疫，對於醫療專業人員來說，最難的就是要如何阻止具有超強傳染力的病毒擴散出去。而對於我們這樣的專業行政人員來說，我們沒有克服病毒的本事，防疫對我們來說，最難的就是如何協同所有人行動。防疫對中職來說，是一種「管理眾人之事」的任務，然而要管理眾人之事，就得先從眾人的心開始入手。

有人問我，中職在防疫的過程中，最困難的事情是什麼？我的答案是該如何取得各方共識的最大公約數。每一方的要求都能顧及，但確實無法完全偏向某一方。在協調各方共識的過程裡，最難的就是我們的各項新做法，必須取得各級主管機關的同意。我們絕對能夠理解政府機關的心情，礙於選舉和選民滿意度的壓力，他們絕對不希望在其選區出現疫情破口。為了能夠取得他們的同意，我們的防疫措施在設計及實行上，遵行了三大原則：

一是**尊重專業，一切由專家主導，取得公信力**。二是**配合政府，取得主管機關的同意**。三是**超前部署，要跑在實際防疫規定之前，而且要做得更多**。

同時，我們也安排各級官員實地考察球場的防疫措施，除了讓他們看到中職的表

現，以取得其安心及信任外，雙方也能藉此機會相互溝通。我們的所作所為，都是為了在對方同意中職可以開打時，提供民眾一個足夠充分的理由，讓大家得以共同接受此一決定。

中職需要比賽，也需要觀眾進場。沒有比賽就沒有收入，聯盟、球隊和球員也都將難以為繼。我們必須掌握進場球迷的心理，給他們足夠的安心保證，我們也要給比賽的球員足夠的心理防護，同時所有的工作人員也要做好心理建設，絕不能掉以輕心，但又不能驚慌過度，無法做事。而在這個過程當中，最窩心的事，就是從第一線的中職員工到各球團的人員都能同心協力，相互合作。

防疫大作戰，也是速度戰

防疫講求速度，是因為一切都在變化，不只新冠病毒在變異，每日疫情和確診數字也在時時變化，我們需要管理階層的反應速度，我們需要第一線人員的調整速度，我們也需要彼此之間的溝通速度。

有時候前一天疫情明明還很穩定，大家過了好幾天安穩的日子，沒想到下一秒卻

接連出現本土病例，才實施不到幾天的防疫流程就得快速因應，配合指揮中心及政府單位的要求做出改變。那時，從閉門打，到開放一千人，開放兩千人，其實每一個階段時間的間隔都不長，等於是現場工作人員的配置和作業流程要一直更新。這和過去沒有疫情時期，一套標準做熟了就可以一直沿用的狀況完全不同，所有人都必須快速地跟上最新的防疫規定。

一切，都在搶速度。唯有這樣，當世界停止運作的時候，我們的賽事才能不暫停。

隨著疫情升高，我們開始密集地召開防疫會議，並且諮詢的對象，包括中央及地方政府主管機關官員，以及疫情指揮中

二〇二〇年初於雲林斗六棒球場加強入場時的防疫相關規範。

心的防疫專家們，由此來照顧到方方面面。三月十三日中職的官辦熱身賽正常舉行，但閉門開打，不開放球迷進場。有了這樣的經驗，在專家的建議之下，中職宣布開幕戰再度延後，改為四月十一日閉門開打，並發布球團防疫措施規範。

這些措施及規範，都是為了保護球員及工作人員。中職也開始正式實施內部防疫相關措施，並開始員工分流上班制度。到了第四次防疫會議時，也首度以視訊方式開會，再由我在會後公布相關細節。當時已經有許多民眾必須居家隔離，聯盟也召開防疫物資捐贈記者會，提供CPBLTV的觀戰帳號及《職業棒球》雜誌供居家隔離民眾使用。

雖然四月十一日的開幕戰因雨延賽，但中職在準備好防疫措施的情形下，第二天仍舊依照規劃搶先全球閉門開打。我們也決定球員確診處置原則，只要有一人確診立即停賽。在開打後，中職創造了許多前所未有的改變，四隊均提供雙語轉播服務，中職logo也推出防疫限定版，從打球姿勢變成戴著口罩在洗手的動作，並且主辦中職運動產業振興紓困會議，由體育署長及五球團代表參加。

隨著防疫措施發揮效果，我們也在防疫視訊會議討論開放部分觀眾進場的配套措施。也因為中職的防疫有成，中央流行疫情指揮中心同意中職開放一千名入場，在五

月八日時，中職成為世界首個開放觀眾入場的職棒聯盟，立下實名制進場規範。

接下來一切愈來愈順利，我們爭取放寬球迷進場觀賽限制。指揮中心進一步同意中職開放兩千名入場，聯盟維持梅花座，並開始販售附有酒精棉片的餐盒，也實施親子可以連座的新措施。二軍例行賽也開放兩百名球迷入場，並實施實名制及入場防疫措施。

隨著疫情趨緩，聯盟開放球迷在座位上不移動可不戴口罩，並開放飲食及外食。下半季容許進場的人數不只增至百分之七十八，也在這一季達成中職史上三千萬人次進場的里程碑。若這一年不開放球迷入場，甚至取消球季，這樣的紀錄將無緣達成。

防疫大作戰，更是對傳統思維的全新挑戰

在那段時間裡，一切是沒有什麼「前例」可循的。對於我這樣受法律訓練的人來說，當我在為當事人辯護時，若是沒有任何先前類似案件的判例，並不代表是世界末日，它反而給了這個案子不一樣的機會。少了前例，不只代表一切結果都有可能性，更表示做為受委任律師的我要負擔起更重的責任，要做更多的準備，更大膽地去相信

自己的直覺和經驗，才有可能為當事人爭取應有的權益。

面對新冠肺炎，在中職史上唯一能參考的類似案例，就是二〇〇三年爆發的ＳＡＲＳ疫情。那時中職並沒有停賽或是延賽，仍是正常開放球迷入場，而且並未強制戴口罩，也沒有社交距離等措施。雖然在新莊及澄清湖球場附近都有出現案例，不過聯盟遵照各縣市政府衛生局的指示，公開呼籲出現可能感染症狀的球迷盡量不要進場看球，並且在入口處測量球迷體溫來做為篩檢。同時也強化對球員的保護措施，在球場、飯店、宿舍等相關設施及交通工具做好消毒工作，也減少舉辦球迷見面會，就算和球迷互動，也僅止於簽名而不握手，來減少不必要的接觸。

然而，和那時的ＳＡＲＳ相比，新冠肺炎的傳染力更強，未知程度更高，變異速度更快，那時ＳＡＲＳ的病例大多是在出現症狀後才開始有明顯的傳染力，而新冠肺炎卻是在個案出現症狀之前就可能具有傳染性。在這樣的情況下，兩者無法相提並論，ＳＡＲＳ時期所使用的防疫措施也不能全盤照抄。

沒有人能夠明確地告訴我們，在疫情仍未明朗的狀況下，究竟職棒比賽該不該打，一切都必須根基於有限的資訊來做出最快的適當判斷。那時若是新冠疫情變得十分嚴峻，確診病例不斷攀升，一切就要失控，為了全民的健康，社會全體必須團結一

致，不惜一切代價地要把疫情壓制下來，那毫無疑問，聯盟該要採取最為保守的策略。不只是為了社會大眾要善盡公衛責任，也是為了我們的球員及工作人員負起保護之責。

然而，當時卻是一個未知的狀況，確診病例確實存在，但是疫情仍在可以控制的範圍之內，而許多產業都在兼顧防疫規定及確保健康安全的前提之下，做了一定程度的開放。

只是難就難在這「一定程度的開放」，其定義是什麼？界限在那裡？標準又是什麼？而用在其他產業上的定義、界限和標準，又能不能夠一體適用在職棒產業之上？

這些問題，變成另一場的防疫心理作戰，就是我們聯盟人員心裡的天人交戰。那時我們心裡有三種不同的價值在彼此競爭著，那就是：球員價值，社會價值，商業價值。球員價值包括了球員的健康及生涯，這是屬於職業運動聯盟的特殊考量；而社會價值包括了正向力量，樂觀面對，和對未來的希望，這是舉辦職業運動賽事能為社會帶來的重要價值；至於商業價值則是指票房、餐飲及周邊商品銷售的實際收入，職業運動得靠獲利才能生存。我們決定的準則是：「保住球員價值，創造社會價值，減少商業價值的損失」，並以此做為我們接下來行事判斷的依據。

摸著石子過河，卻摸到驚喜

防疫措施確實為聯盟帶來了不少副作用，但其實這些副作用之中，也有正向的影響力：疫情本身雖然是個危機，但也帶來了一種強迫改革的新契機。就好像學校那時必須轉為線上課程，對於許多老師來說，必須要在短時間之內熟悉相關的線上軟體和教學工具，等於是在一瞬間完成了網路教學的轉型。中職那個時候也是一樣，像是原本大家得要面對面開會的球團代表會議，就因為疫情的關係而必須改為線上會議，這樣的改變，對於聯盟來說算是史上頭一遭，然而卻帶來了意想不到的正向力量。

在防疫的考量之下，聯盟人員及球團代表都要減少不必要的近距離接觸，從傳統會議改為視訊會議是很合理的決定。畢竟中職球團之中有南部球隊，必須搭高鐵上來台北開會，若是避免搭乘大眾運輸的高鐵，他們得要自行開車上來，那這來回十小時的車程實在是件苦差事。那時我自己南下探視球隊春訓或是視察球場，也是以身作則，避免搭乘高鐵而是自行開車往返。視察得要到實地踩點，但若是單純召開球團代表會議的話，其實是可以轉為線上開會來增加效率，節省與會人員的時間、金錢和精力。

那時沒想到的是，線上會議帶來了更有效率的討論和行政作業的彈性。原本這樣的會議都是選在週一各隊沒有比賽的休兵日，而且要約大家都可以的時間，通常都要是在早上十點之後，因為要讓南部來的球團代表有通勤的時間。而一次會議的時間都會超過兩小時，所以十點後才能開會，等於是會卡到中午的吃飯時間，開會加上用餐，一次會議很可能會耗掉一整天。

但在改為線上會議後，無論日期、時間和地點都變得十分彈性，我們可以選擇最有效率的時間配置，會議召開也可以比先前來得更有機動性。尤其在防疫期間，相關的防疫措施不斷需要更新和修正，所以比起過去，聯盟與各球團代表必須更密切而頻繁地開會討論細節來取得共識。在建立起線上會議的平台及開會習慣之後，聯盟和各球團有能力可以透過線上會議來處理更繁雜的工作事項。

在疫情期間面對未知的挑戰和問題，我們就像是在摸著石子過河，然而，在摸索的過程當中，卻摸到了令人意外的驚喜。過去一直喊了很久的e化，就在一場防疫大作戰之後被整合完成，不只在疫情期間發揮了巨大的作用，未來在疫情過去後，這樣透過線上開會來增加效率的方式也可能會繼續沿用下去。

另外，中職很早就開始實施員工分流上班的制度，當時的考量就是配合疫調的防

疫措施及規定。若是有人確診，疫調單位將會依照確診者的足跡以及過去活動史，匡列出需要居家隔離14天的接觸者。如果沒有分流制度，一旦工作人員之中出現確診個案，可能聯盟會有一大半的人被要求居家隔離。若真是如此，無論比賽或是聯盟本身都會陷入停擺的危機。

為了避免這樣的情況發生，那時的做法，就是從管理階層的各部門主管開始，到每一個組別都進行內部分組，尤其是賽務部之下的場務、裁判、票務、安全、競技等直接與比賽舉辦相關的組別，都進行嚴格的分組分流。由於有一軍及二軍的比賽，所以賽務部還得進一步細分為四組人員，各組獨立執行比賽的各項工作，彼此之間不接觸，也不輪調，就好像四個象限一樣，各自獨立在分隔的空間裡生活。每組之間，就是被看不見的X軸與Y軸隔開。

像我自己那個時候，就是和秘書長對拆，我們各領一組同仁，然後我們兩人隔週輪流進辦公室上班，無論在辦公室或是其他私下場合，一律不准面對面接觸。我們大概有長達一個月都沒見到面，完全只透過手機和通訊軟體聯絡及討論工作事宜。其他兩位副秘書長也是一樣，彼此也是過著不能見面的日子。

這樣嚴格的分流上班制度，就是確保一旦出現有人確診的情況時，聯盟仍有足夠

的人力來維持比賽的正常舉行。但經過這樣的歷練，每一個中職員工都更有獨當一面的能力，在人數不足的情況下，依舊能夠獨立作業。員工的成長，也是這次疫情的意外收穫。

雖然在許多人看來，這些也許只是微不足道的小事，但從這樣的小事當中，也讓人看到了聯盟面對狀況及變局時，所能創造出的可能性及彈性。

天使，也藏在細節裡

人們總說，魔鬼藏在細節裡，這句話並沒有錯，許多細節的要求，沒有去想是不會發現它有多麼可怕。若是沒有要求把細節做好，很容易就會失敗。但反過來說，天使也藏在細節裡。只要能把細節做好，就有可能看到成功天使的微笑。

二〇二〇年是我會長任內的最後一個球季，原本期待它會是順風順水地平靜度過，交接給下一任會長。結果居然冒出了新冠病毒這個大意外，這樣的疫情，無疑是全球人類所共同面臨的巨大厄運。它也影響了全世界的職業運動產業，很多國家的職業比賽無法如期開打，球場不能開放球迷進場看球，球隊和球員都蒙受經濟收入的損

失，媒體及相關產業的營收也受到衝擊。結果，在所有球員、球迷和工作同仁的努力之下，中職得以開打，並且在國際媒體上搶下前所未有的關注和熱度。

新冠疫情造成全球隔離封城，居家防疫，各大運動賽事相繼停擺，而只有中職能夠率先閉門舉行例行賽。對中職來說，成為全球首先開打的職棒聯盟，並不是為了出名而已，而是呈現出台灣的防疫能力，不只到場看球的球迷非常自律，球員及球團工作人員也一樣戰戰兢兢，遵守相關防疫規定。面對這樣的危機，轉念一想，這也是中職能讓更多不同的觀眾看見的機會。

許多防疫而衍生出來的措施，也成了球隊未來的新常態，像是雙語轉播，就讓中職的比賽能被更多海外的球迷欣賞。最終，中職雖然延到四月開打，但在不縮水的情況下，完成了預定的所有賽程，就連總冠軍賽也打滿了七場，這一年，我們在十一月八日才打完總冠軍賽。雖然在我任內有三次總冠軍賽打到十一月才結束，但這一年卻是最為特別的一次。這一切之所以能成功，還是多虧了聯盟裡所有的「十一月先生」：從工作人員、球員到每一位進場的球迷，為我們守住多如牛毛的防疫細節，才能讓我們得以看見大家在場上的微笑。

12

十二強賽

Key Word 團結

團結才能強

我們只有一個台灣，
棒球界應該團結，而不是對立。

世界十二強棒球賽（WBSC Premier 12）是世界棒壘球總會（World Baseball Softball Confederation, WBSC）所主辦的頂級棒球賽事，在二〇一一年世界盃棒球賽停辦，未來棒球又不一定會被列入奧運項目的情況下，國際上的頂尖賽事將只剩下四年一屆的世界棒球經典賽（World Baseball Classic）。為了避免頂級世界性棒球賽會間隔過長，於是創辦此一賽事，並從二〇一五年開始每四年舉辦一次，如此各國的頂尖棒球員將可以每兩年交替在這兩項頂級賽會中交手。

二〇一九年舉辦的第二屆十二強賽，對於中職來說具有另一層指標性的意義。在二〇一九年一月三十一日，教育部體育署、中華民國棒球協會以及中華職棒大聯盟聯合召開「合作協議書簽署記者會」，會中宣布未來一級國際成棒賽事，中職取得完整權利，將負責選拔、組織、訓練、實際參賽及舉辦比賽的任務。此一協議，在記者會中正式簽署協議書後立即生效，第二屆十二強賽正是中職第一度以「一條龍」模式負責中華隊的組訓及比賽。

由於當時十二強賽已由棒協申辦完成，故比賽仍由棒協主辦，至於中華隊的選、訓、賽則由中職負責。之後的一級賽事，則將由中職主導，棒協來協助；而其他非一級賽事則是由棒協主導，中職協助。這樣的合作過程之中，其實有非常多的故事可說。

對方的成功，就是自己的成功

在記者會中，當時的體育署長高俊雄有提到，棒協理事長辜仲諒與身為中職會長的我對於台灣棒球發展有三個共識：第一是我們會把國家利益擺在第一位，第二是雙方努力一起把棒球的市場做大，第三則是為彼此著想，對方的成功就是自己的成功。

回想起當時高署長提到的第三點共識，讓我聯想到「烏班圖」（Ubuntu）這個來自非洲部落文化的群我概念。我會知道這個概念，也是從別人的成功故事聽聞而來。二〇二〇年九月在網飛（Netflix）上演了一部運動紀錄片，名字叫做《人生

二〇一五年在東京舉辦的十二強賽，戰況激烈，球場觀眾數量相當可觀。

教戰守則》（*The Playbook*），第一季邀集了五位不同運動的總教練來闡述他／她們的執教理念和生活故事。第一集的主角是NBA總教練瑞佛斯（Doc Rivers），他曾在二〇〇八年率領波士頓塞爾蒂克隊拿下NBA總冠軍，而他就在片中提到了「烏班圖」如何幫助他及他的團隊成功奪冠。

瑞佛斯在剛接塞爾蒂克時，球隊戰績實在非常慘淡。而隨著球隊交易來兩名超級巨星賈奈特（Kevin Garnett）和艾倫（Ray Allen），和陣中既有的皮爾斯（Paul Pierce）組成了所謂的GAP三巨頭之後，看似前景一片大好。但該如何讓三個能夠獨當一面的老大哥，在同一個團隊裡共同合作，又成了另一個傷腦筋的問題。

在一次偶然的機會裡，有位女士問他是否有聽過「烏班圖」，那時瑞佛斯根本不知道那是什麼意思。那位女士並沒有直接告訴他答案，而是讓瑞佛斯自己去查，她只說：「那不是一個詞，而是一種生活方式。」好奇的瑞佛斯回家之後馬上就查了，他對於「烏班圖」的意涵極為驚艷，認為這就是他為球隊尋找已久的完美答案。

「烏班圖」源自班圖語的一句諺語，並在近年逐漸為西方文化所知，關於它的意涵有很多解釋，但透過翻譯很難得其精髓。若用瑞佛斯的話來說，就是一個人必須透過別人才能完成自己，唯有別人獲得成功，我也才能獲得成功。

如果你在網路上查找「烏班圖」的意思，應該很容易就會找到一個人類學家在非洲部落裡所做的實驗。他在一棵不遠的大樹下放了一籃水果，然後和一群孩子們說，最先跑到大樹下的人，可以獨得一整籃水果。不過，比賽開始了之後，這群孩子卻是手牽著手一起往大樹走去，然後所有人一同分享那籃水果。人類學家很是意外，問他們為什麼這麼做？孩子們的答案就是「烏班圖」：如果只有一個人會因為拿到水果而開心，但其他人都會難過的話，大家都不會快樂的。

「烏班圖」的核心，就是重視群我關係的和諧。瑞佛斯把這個道理教給了他的球隊，而他的球員們即使一開始不能理解，但隨著賽季的進行，他們實踐了「烏班圖」的打球方式，隊中的三巨頭能夠彼此合作，最終他們擊敗了洛杉磯湖人隊，拿下了睽違二十二年的總冠軍。

當時高署長所提到的第三點共識，正是「烏班圖」精神的實現。國內的棒球環境要能提升，就必須靠體育署、棒協及聯盟這三方彼此合作。過往的經驗說明，幫助提振棒球產業的全面發展，中華隊在國際賽的成績至為關鍵。若是中華隊在國際賽打出令國人感動的比賽，台灣棒球就會被民氣注入強大的能量與人氣。從早期的三級棒球的三冠王霸業，到後來的巴塞隆納奧運銀牌，再到近年的亞洲盃和亞運，不只職棒票

房獲益，整體棒球環境也獲得改善。

因此，要想在競爭強度日增的國際舞台出頭，無論體育署、棒協和中職都希望能夠合力組成最強的國家隊。想要組成一支最強的隊伍，就必須要這三個組織彼此合作。近年的國際賽，當中職球員已經逐漸成為中華隊的核心骨幹之後，中職勢必得要投入這支隊伍之中。唯有參與中華隊的我們都為彼此著想，重視群我關係的和諧，才能組成最強的中華隊。

讓對方成功，才有可能讓自己隨之成功。

善用既有資源，為最強的中華隊服務

回顧二〇一五年第一屆的十二強賽，那時中職只有負責組隊及訓練，並未負責參加比賽的部分。而最近一次的二〇一七年第四屆經典賽，中職則是只有三隊派員參加。二〇一九年在中職取得中華隊「組、訓、賽」的權利之後，這樣「一條龍」的合作模式，讓中職全面投入既有的人力、經驗和資源為中華隊「服務」。

中職在國際賽的自我定位，是一個為中華隊提供完善服務的角色。做為國內競爭張力最高的棒球聯盟，近十年中職每年都舉辦兩百四十場例行賽事以及大大小小約數十場的各類國內、國際賽，中職工作同仁長年累積下來的經驗，以及對於球員的熟悉度，讓我們從賽前到賽後，都能把每一個細節給做好。

舉例來說，在選拔球員的時候，必須要考慮到球員的近況是否處於高峰。由於中職的球季超過半年，每一名球員的近況好壞，其母隊的教練團最為清楚。總教練洪一中做為該季的總冠軍教練，在充分掌握球員們的狀況之下，更有機會能選出當季狀況最好的中職球員加入中華隊。

而在賽前集訓的階段，由於教練團來自於各職棒球團，所以能夠配合球員們在母隊時的日常作息及訓練模式，好讓準備國際賽的集訓，能成為當季例行賽訓練的延伸。避免過於密集的訓練或是突如其來的改變，減少球員們產生不適應的現象，由此也降低了可能受傷的風險。

至於在比賽時，服務各隊已久的中職團隊，深知球員及隊職員既有習慣，所有的後勤補給及配套措施都能及時到位。像是十二強進入第二階段的超級循環賽，當球隊抵達日本的下榻旅館時，每位球員的個人行李就已經放好在每個人自己的房間。每次

練習或比賽過後的衣物，球員們在換下了之後就有專人收走，清洗之後就整齊地放置在各球員房門口。而當球員返國時，所有大件行李都由後勤團隊統一處理完畢，這樣就可以讓球員們輕裝出關，與現場接機的大批球迷互動，並接受媒體採訪，然後一路坐上巴士離開機場。這些照顧職業球員日常需要的細膩之處，都是中職同仁們從過往每一場職棒比賽累積出來的經驗。

令人感動的是，中職員工人數並不多，三部十三組加起來不超過八十人，平常也有各自的專業及分工，然而每當有短期密集的工作或大型任務出現，他們總是首尾相應，不分彼此地相互支援。這次十二強賽負責主導後勤相關業務的雖然是賽務部，但聯盟的其他人力也幾乎全都投入，重新進行任務編組，從對內的常態服務模式，轉化成外部的支援任務模式，納入其他各部及各組的同仁全力支援中華隊相關工作。

近年來，除了旅外及業餘好手之外，中華隊多半是以中職球員為主體，而每一名中職球員都是各球團的寶貴資產，透過中職團隊的專業服務，讓參與國際賽的中職球員能維持自己熟悉的習慣及節奏，正是進一步地保護了這些台灣棒球界的頂尖菁英。

這次籌組國家隊，是把「安全」和「安心」放在第一要務。唯有保護好球員的安全，才能讓他們安心比賽，發揮應有的實力。為了保護球員的身心狀態，這次也由醫

生、物理治療師、心理諮商師及防護員共同組成的醫療支援團隊隨行，不只分工細，也延伸了服務面向。像是負責選手防護的李恆儒，就擁有大聯盟防護證照，一旦選手出現不適，就可以調動團隊進行緊急處置。另外，擔任肌力體能教練的林衛宣，曾在大聯盟響尾蛇隊進修，從訓練到比賽，都以儀器緊盯球員的運動表現，判斷是否出現疲勞或是傷勢，並個別調整每位選手的訓練強度。

中職後勤團隊除了行政、醫療、防護及訓練之外，還負責情蒐任務。這次十六人情蒐小組的工作量龐大，除了派專員出國，現地觀察中南美洲球隊的比賽實況，好讓教練團更熟悉這些相對陌生的對手之外，也必須隨戰況做出更深入的情報分析。中職提供由宏碁專業團隊設計的情蒐記錄系統，供選手、教練團及情蒐小組使用。這套斥資六百萬建置的系統，能精準地即時記錄投球進壘點，經過觀看及討論之後，成為投捕在場上實戰配球的重要參考，以及野手在防守布陣上的依據。後來中華隊團隊防禦率及守備率均名列十二強第一，情蒐也在其中發揮了關鍵的作用。

把ME倒轉成WE

二〇一九年的中華隊雖然並沒有在十二強提前搶下奧運門票，但對韓國一戰卻打出前所未有的大勝，不只終結了韓國總教練金卿文從北京奧運以來的國際賽十三連勝，也實現了台灣球迷「好想贏韓國」的共同願望。回想兩人過去對戰的紀錄，洪一中總教練在接受採訪時說他仍記得先前八搶三資格賽是三比四輸球，北京奧運則是八比九落敗。

做為中職頂尖的總教練，洪一中到二〇二〇年球季為止已經拿下了史上最高的九三八勝和七次的總冠軍，他是聯盟第一位達成七百勝、八百勝、及九百勝里程碑的總教練，距離千勝也只差一步之遙。這樣的常勝總教練，兩度出馬帶領中華隊的過程卻仍是不輕鬆，他面對的困難和挫折一樣也不少。洪一中曾說他只想明天的事，確實看得出來他把過去的成功紀錄看得很淡，因為如何才能透過團隊合作來贏得明天的勝利，永遠更值得花時間去思考。

回想這次二〇一九年十二強賽的過程及結果，體育署、棒協和中職能夠共同合作，球員、教練及後勤團隊能互相配合，而中職所有員工也不分組別，彼此支援來完

成工作，都是心中存在一種以對方為重，以團體為先的「群我觀念」，一切才有機會成功。源自非洲文化的「烏班圖」聽來也許因為隔了一層語言的隔閡，顯得有些高遠，然而它的核心意義，放在運動的團隊合作之中卻是再貼切不過了。當我們只想著如何讓我們的團隊取得成功時，只需要一個小小的轉念，把自我中心的「ME」倒轉過來，就會變成了團體優先的「WE」。對方的成功，就是自己的成功。透過完成其他人來完成自己，才會有最強的團隊。

而在棒球之前，台灣每一個人都是中華隊這個大團隊的一員。

用「烏班圖」的心，來打破團隊裡的「穀倉效應」

《穀倉效應》（*The Silo Effect*）是英國金融專欄作家邰蒂（Gillian Tett）在二〇一五年出版的個人著作，書中她以「穀倉」來具體形容團隊所面臨的困境。穀倉效應並不是在講囤積糧食的行為，而是作者用來描述一個分工過細的組織，其下的每個子部門如何形成一個又一個彼此隔離，互不往來的穀倉。從政府到企業，從部門到個人，都可以看做是一座又一座大小不同的穀倉。大家都活在自己的小圈圈裡，只看得見小

團體裡的彼此，卻讓人看不見整個大團隊的全貌。

作者在書中所關注的，是穀倉效應如何因為過度分工，各立山頭，缺乏橫向溝通，而限縮了一個企業的創新能力。書中提到九〇年代日本的索尼靠著專業分工，讓各部門「各自努力」，彼此競爭，而在短期內提高盈餘，成為最有創新能量的品牌；但進入二〇〇〇年之後，又因為內部「各自為政」，把其他部門當競爭對手，缺乏跨部門合作而導致創新能力下滑，最後遭到蘋果超越。

其實，提升創新能力，只是打破穀倉效應的一個好處，延伸來看，一個團隊必須設法打破內部林立的山頭，才有可能成功。書中提到了一個例子，一家社群公司為了凝聚員工的共識，設計了訓練活動讓員工參與，以體驗「協助他人成功」所帶來的成就感。這一點，其實和「烏班圖」的群我觀念很像。若是一個人成功，卻讓團體裡的其他人很難過的話，那這個團隊是快樂不起來的。

真正能合作的團隊，是用「烏班圖」的心，來打破內部無形的壁壘。而一座又一座的穀倉不只是存在於部門之間，也存在於個人的心裡。每一個團隊打破穀倉的方法不見得相同，但若能讓團隊成員感受到協助他人成功的成就感，這個團隊就有合作的契機，也就有成功的可能。

所謂的「烏班圖」，雖然概念來自於非洲，但其實中文裡也有類似的意念和精神，有一句老話叫做「己欲立而立人，己欲達而達人」，在我看來，就正是烏班圖的精神。那是儒家哲學裡所說的「仁」，可能有些人聽到這些句子會覺得很老氣，但有時老的東西正是歷久彌堅的好東西。當我們想要成功的時候，必須要讓對方一起成功才行。

人說「己所不欲，勿施於人」，而烏班圖的精神，則是「己之所欲，應施於人」：你想要的東西，也讓別人能夠擁有。若是人同此心，那大家就能創造出很棒的合作團隊。

我在聯盟同仁身上是看不到穀倉的，他們彼此之間互相支援，互通聲氣，相互幫忙。而在「一條龍」的合作模式之中，台灣棒球界也成功打破了既有的藩籬，彼此合作，成就彼此，從體育署、棒協到中職，再從球員、教練、後勤人員到球迷，大家緊密結合成了一個更巨大的團隊。在二〇二一年世界棒壘球總會（ＷＢＳＣ）發布的世界排名，台灣上升到史上最佳的第二名。此次排名以四年為區間，從二〇一八年開始計算，中華隊在二〇一九年十二強賽拿下的第五名，為台灣的男子棒球賺進了八〇七分，一舉衝高了總積分。由此可見，當中華隊在球場上成功的時候，也讓台灣棒球界這個更大的團隊一起獲得了美好的勝利。

張翔，二〇二一年以第二指定被選入統一獅球團。他小時候的身影，出現在世界棒壘球總會辦公室裡。台灣棒球的薪火，將透過像他這般實力堅強的小將走出國際，在全球各地發光發熱。

後記

二〇一六年九月十八日，Lamigo 桃猿「鋒砲」陳金鋒打完了他球員生涯的最後一場比賽，他仍是先發第四棒，扛指定打擊，當時桃猿全隊穿上五十二號球衣向他致敬，全場球迷在他出場的時候，一陣一陣地響起「陳金鋒」的呼喊，為他加油。那場比賽，義大犀牛的高國輝擊出個人生涯第一百支全壘打，他花了三百六十四場球賽達標，改寫了中職最快百轟的紀錄（四百五十三場），他在跑回本壘的那一刻，用手比出「52」的數字。因為他超越的原紀錄保持人，正是陳金鋒。這次引退賽也見證了世代的交替。

至於外號「恰恰」的彭政閔，不只是聯盟明星賽連續十五年的人氣王，更是中職的指標球星，他在二〇一九年九月二十九日舉辦引退賽時，台中洲際

棒球場衝到二〇二二三人，不只破了中職最多觀眾紀錄，也超越陳金鋒引退賽的二〇〇五二名觀眾紀錄。彭政閔在同年出版他的自傳，在自序當中，他用「棒球之路，未完待續」為題，預告了他褪下球衣後的人生新階段，將會換個角度來看棒球。而他的這本書，則是回顧著他過往三十一年的球員生涯。他說：「或許還有很多事情曾經發生過，但現在已經記不太清楚了──我想，每個人應該都無法細數自己的人生吧！」

陳金鋒及彭政閔是中職在上個世代的兩大代表球星，他們兩人都在我的會長任內退休，而他們這兩次的引退賽，過程充滿巧思與感動，讓廣大球迷們能夠有機會向他們心中的棒球英雄致敬和道別。從球員的退休儀式，看得出來中職的改變。因為我們擁有了自己的球星，創造出自己的文化。

而今，我也已經卸任。我想，每一個人到達終點的那一刻，總會回頭想起過往的一些事。即使無法一一細數，依舊是無可取代的曾經。打完中職三十一年最後一場比賽，感覺老天爺在幫助我們，疫情沒有繼續擴大，比賽也隨著球季進展愈來愈精采，四隊都有希望，可以說是打好打滿，功德圓滿。為了不再節外生枝，休季時的相關比賽必須停辦，像是以往已經規模愈辦愈大的冬盟賽

事，全部都得取消，這也是可惜的地方。對於會長的位置，我並不會戀棧，雖然我做得很投入很開心，但這個工作已完成了，在六年的任期之內，盡力去完成當初規劃的計畫，而今，從終點回頭去看起點，只覺得感謝和不可思議。

這也是為什麼我會想要出這本書來留下紀錄的原因，就是希望能讓自己記住這樣感謝的心情和不可思議的感覺。如果這樣的紀錄，還能讓別人從中得到一點不一樣的想法和角度，那就更加有意義了。

回想過去這六年，感覺確實很豐富。我從中得到了很多難以取代的珍貴回憶和成長，對我來說，「會長，就是學會成長」，中職教會了我很多事情。若說擔任會長最大的犧牲是什麼，我會說變回球迷後，我無法再像當會長之前那樣做個單純的球迷，以前去球場看球就是看球，而今卻沒辦法這麼單純了。我得了職業病，就像做婚禮企劃的人，去參加別人的婚禮時會不由自主地在腦中替新人順流程，看到會場布置就開始在腦中估價一樣。這個「前會長」的身分，讓我會不由自主地為這個聯盟考量更多，即使卸任了，也是一樣。

而我想，這一點，永遠也不會改變。

2015——2020 我的中職會長筆記

資料提供：中華職業棒球大聯盟

每一場棒球比賽都有九局，有時打了一局就因雨延賽，有時打了延長十二局還是不分勝負。雖然每局都是三個出局數，但每一局的長度都不一樣。有時打者第一球就出棒，三個滾地球就結束了，有時投手解決不了打者，得分、暫停、換投、再暫停、再換投，半小時都打不完。

會長這六年任內我所記下的大事，就像選入本書裡的照片一樣，每張照片裡都會有人：有時只有我，有時不只我一個人，而陪著我的有親人、好友和夥伴，每一個人都帶來了一段故事，長度不一致，內容不相同，但都一樣難忘。

比賽攻守交替，球員上上下下，留下的數據是每一局的表現，時間或長或短。生活中職務交接，人們來來去去，留下的照片是每一次交會的記憶，心情有高有低。這六年以會長的角色上場，我的表現數據會留在聯盟紀錄裡的只有參賽隊數及進場人數，但這些數據並不屬於我，而是屬於所有人：球隊、球員、球迷和中職員工。能夠達成目標都是靠所有聯盟夥伴的努力，照片只能留下不到一秒的瞬間，但能留住的故事卻是有無限的回憶空間。

2015

01.06

參與四球團春訓

以準會長身分參加四球團春訓，積極了解職棒運作。

02.04

新會長上任

獲四球團一致推薦，擔任新會長。

03.07

解決轉播權爭議
開啟多元轉播管道

官辦熱身賽以身作則，全面啟動多元平台轉播新世紀。

03.14

熱身賽進場人數創新高

中職熱身賽單場吸引超過七千人進場，打破熱身賽進場人數新紀錄。

06.15

廣邀賢達職棒座談

為提升台灣棒球產業發展，召開史上首次職棒發展座談會。

和統一獅董事長謝志鵬（左）、時任教育部體育署長何卓飛（中）於中華職棒聯盟第九任會長交接儀式。

明星賽於洲際棒球場開打，首度邀請ＭＬＢ球星羅德里奎茲 (I-Rod)、吉昂比 (Jason Giambi) 來台獻技，並讓選手穿著客製牛仔褲參加全壘打大賽，世界首創。

09.11

二軍賽事首次直播

從二軍總冠軍賽直播到假日賽事轉播，更於二〇一七年三月起場場直播中職二軍賽事。

10.25

職棒總冠軍賽破史上最多人進場紀錄

二〇一五年中職總冠軍賽，七場賽事進場人數破十二萬，打破史上總冠軍賽最多人進場觀賽紀錄。

11.09

善盡社會責任，提升職棒公益形象

經濟部頒發節水公益獎

號召球員拍攝節約用水宣導短片，提供民眾省水妙招，獲頒獎表揚。

11.28

復辦冬盟

復辦亞洲冬季棒球聯盟，並全程轉播每一場賽事，對國際棒壇做出貢獻。

與中華航空合作推出「中華挺中華」棒球主題班機，旅客與代表隊球員一同搭機前往日本，於「二〇一六中職日職對抗賽」現場為台灣加油。左為時任華航總經理張有恆。

2016

01.04

自由球員制年薪創天價

修改自由球員制度後，林智勝成為史上第一名以自由球員身分轉隊成功的選手。

01.28

首創小小兵全方位體驗營

開辦棒球冬令營，讓小朋友體驗投打守跑以及記錄、裁判、播報實務等相關課程。

03.21

開辦中職線上文物展

致力於文物數位化，並創立中職線上文物展，利用網路的力量，讓更多人觀賞到中職文物。

06.16

正面對決義大危機

義大無預警宣布不再經營義大犀牛棒球隊，面對危機，迅速處理、穩住軍心。

07.16

獨一無二風潮

狂捲二〇一六中職明星賽

創造台灣隊長陳金鋒背號52T恤熱潮。

09.07

協調有成犀牛轉悍將

促成富邦集團與義大犀牛簽約，並於十一月正式接手球隊。

10.03

職業棒球雜誌全新改版榮登國內月刊類銷售第一名

10.29

中職總冠軍賽驚奇逆轉勝

即將轉手的義大犀牛，逆轉奪冠，留下在中職的完美身影。

11.22

台日韓裁判進行交流

台日韓三國職棒裁判研討會首度登場，除先前已安排裁判赴日執法、送裁判赴美接受訓練外，更提升亞洲裁判在世界棒壇地位。

11.25

冬盟參賽隊數創新高

冬盟參賽隊數首度達六隊，史上新高。

12.20

舉辦戰力外測試為選手找出路

舉辦戰力外測試會，為被釋出球員尋找出路。

2017

02.28

兩度促成中職日職對抗賽

二〇一六年中職前往日本名古屋及大阪與日本武士國家隊進行兩場對抗賽。二〇一七年二月二十八日，中職聯隊首度擊敗日本武士國家隊。

03.21

球員出身擔任秘書長，史上首例

力邀前中職球員、教練馮勝賢出任秘書長。

06.05

中職與中央氣象局簽署合作意向書

以最即時氣象資訊，為中職提供客制化服務，並做為裁定延賽或整理場地繼續比賽的依據。

07.03

選秀會人數破紀錄

共九十六人參加選秀會，打破二〇一五年九十三人參加的紀錄；而新人測試會高達一〇六人參與，皆創歷史新高。

邀請曾協助王建民重返大聯盟的佛州棒球農場（FBR）來台開訓練營，左為該機構創辦人蘇利文(Randy Sullivan)。

07.07

史上第一遭中職明星賽前進花東

明星賽史上第一次到花東地區舉辦，以照顧花東地區的球迷，回饋最多職棒球員的故鄉。

09.02

台日裁判講習營，裁判實力再提升

首屆CPBL&NPB裁判講習營登場，提升台灣棒球裁判觀念與技術。

09.12

公布新球隊加盟辦法

完備典章制度，新球隊加盟辦法公布。

11.16

首屆亞冠賽整備國家隊實力

第一屆亞洲職棒冠軍爭霸賽在東京巨蛋熱鬧開打。「台灣犬」CI設計驚豔全場，反應熱烈，成功行銷台灣。

11.28

引進美國投手魔法學校
提升投手實力

與美國佛州棒球農場合作專業投手訓練營，提升台灣棒球投手及教練專業技能與競技水準。

二〇一八年中華職棒紅白明星對抗賽，右為統一 7-ELEVEn 獅隊球員陳傑憲。

2018

01.04

引進美國打擊魔法學校提升打擊實力

美國芝加哥「Fastball USA 棒球學校」來台，開辦專業打擊訓練營，提升台灣棒球打者能力。

01.17

連任中職會長

承諾全力以赴，建構「中職五環」，打造國球再起。

02.10

受邀參訪澳職總冠軍賽討論澳職加盟中職

澳職執行長維爾（Cam Vale）表示將於當年五月正式提出加入中職二軍的計畫書。

03.09

響應台中市「八年一百萬棵植樹計畫」

與台中市長林佳龍邀請四位職棒球星，一同在公園預定地種下二十九棵樹苗，宣示中職二十九年即將開打。

03.27

二軍例行賽首度於有線電視轉播

一四四場例行賽事在屏東中信公益園區開打，由 Win TV 與 ELEVEN SPORTS 兩頻道輪流提供轉播服務。

03.28

推動將運動產業相關業別納入國旅卡核銷範圍

三月於立法院提案後，經研議同意自七月起納入。

06.27

中職公布雅加達亞運支援八人名單

07.08

明星賽復辦五項戰技

最終五項戰技由明星白隊以三比二搶下總錦標。

07.15

受邀參訪韓職明星賽

與年初甫上任的韓職會長鄭雲燦會面，邀請韓職組隊參加該年底之冬盟。

09.04

澳洲職棒聯盟正式表示加盟意願

澳職執行長維爾正式拜會中職，並提交加盟企畫書。

09.23

開辦中華職棒專業棒球訓練營

延續與佛州棒球農場的合作，針對台灣各級選手及教練進行課程教學。

10.07

中職史上第一名締造完全比賽紀錄的選手誕生

統一先發投手瑞安面對中信兄弟二十七個人次完全壓制，成為中職七千餘場例行賽以來首位締造此紀錄的選手。

11.07

親赴台日交流對抗賽

中職首度以全本土陣容，在福岡巨蛋展現強打實力，以六比五擊敗日本武士隊「SAMURAI JAPAN」。

11.20

日本火腿鬥士隊取得王柏融的優先議約權

王柏融成為中職首位成功行使旅外自由球員資格者。

11.28

「二〇一八中華職棒中國信託專業棒球訓練營」開訓

邀請協助王建民重返大聯盟的佛州棒球農場教練團，再次越洋來台展開為期十天的訓練。

12.18

台灣棒球擠下古巴，升至第四名

世界棒壘球總會（WBSC）公布最新世界排名，台灣隊以三五六九分排第四名。

12.25

中職新聘五名仲裁員受理新案

12.28

中華職棒三十週年特展於華山文創園區開展

展期至二〇一九年三月底止。由吳志揚會長陪同，總統、行政院長等都專程參訪。

中職二十九年終於出現第一場完全比賽。想達成如此紀錄，不僅靠投手自己的實力，還需要隊友的合作幫忙。

2019

01.06

中職專業裁判訓練營

兩天共三十三名學員參與，吳志揚會長出席結業式頒發結業證書。

01.31

體育署、中職、棒協合作協議書簽署記者會

未來一級棒球賽事（如世界十二強棒球賽、世界棒球經典賽、奧運會以及該賽事資格賽等由職業選手為主體之相關國際比賽）之組、訓、賽（含參賽及主辦比賽）皆由中職負責。

03.05

會晤頂新集團魏應充董事長

吳志揚會長期待頂新在四月提出加盟企劃書，進而展開審核程序。

03.08

中職與美職簽署球員協定記者會與日職、韓職同等地位

吳志揚會長與美國大聯盟代表確認中職球員挑戰大聯盟之入札辦法。

為爭取二〇二〇東京奧運資格，時任中華職棒大聯盟會長吳志揚、教育部體育署長高俊雄（中）及中華民國棒球協會理事長辜仲諒共同簽署合作協議書。

03.25 會長宴請五隊代表取得味全加盟共識

頂新集團確認將以「味全」為球團名稱，並於四月提出加盟企劃書。

04.29 味全龍正式提交加盟企劃書

05.13 味全龍闊別二十年正式回歸

中職召開常務理事會審查加盟事宜，吳志揚會長宣布通過味全龍審核作業。

05.17 中職重組仲裁委員會後首例薪資仲裁案結果出爐。

05.30 洪一中接任中華隊總教練

二〇二〇東京奧運中華棒球隊選訓委員會進行第一次選訓會議，正式推選洪一中為中華隊總教練。

06.10

二〇一八年中職新人球員測試會報名破紀錄

因味全龍回歸中職，並參與選秀，總計有一九一名選手報名，打破過往紀錄。

06.15

第二例薪資仲裁結果公布

由球員陳子豪獲勝，也成為中職史上球員贏得仲裁首例。

06.24

味全龍加盟中職記者會

吳志揚會長、魏應充先生及高俊雄署長，共同宣告味全龍正式加盟。

07.03

Lamigo 宣布進入轉賣程序

聯盟擔任協助角色，讓新企業能夠順利接手。

09.19

LA NEW 集團於記者會宣布球隊股權將全數轉讓樂天

09.29

彭政閔職棒生涯引退賽

滿場二〇二二三位球迷創中職史上例行賽觀眾人數新高。

11.12

世界十二強棒球賽超級循環賽中韓對戰

終場七比〇完封韓國，取得歷史性的一勝。

11.17

十二強賽完美落幕中華隊第五名作收

創下十二強史上最佳名次，比上一屆進步四名。

07.12

中職三十年特展在高雄科工館開展

吳志揚會長表示希望高雄能迎回職棒隊，亦將積極協助。

07.22

中職首屆二軍交流盃賽宣告記者會

由中職及大專體總聯合主辦，促進職棒、大專棒球及業餘成棒交流，厚植台灣棒球實力。

07.26

中職明星賽開打

採用世界十二強棒球賽中華隊對戰中職明星隊的對戰模式，全力備戰。

08.17

味全龍於斗六棒球場正式開訓

首日吸引兩千人到場，最終目標要在二〇二三年打進季後賽。

11.17

中職記錄講習會

睽違九年再舉行，吸引更多優秀人才加入中職。

11.28

中職史上第一次新球團擴編選秀

由聯盟公告味全龍提交擴編選秀名單，共計四人。

12.21

中職「台灣犬」吉祥物名稱票選結果公布

共計五個名字接受票選，由「歐告」勝出。

12.23

針對明年六搶一資格賽達成協議

中職與棒協同意依協議由中職包辦組訓賽，雙方釐清前項協議不足部分。

重新加盟之後，味全龍先後拿下二軍交流盃賽冠軍以及二軍總冠軍。

2020

01.17

世界棒壘球總會最新棒球世界排名

十二強賽第五名及其他盃賽三金加持，中華穩居第四。

01.23

中職裁判紀華文獲選二〇二〇東奧棒球項目裁判員

不僅是台灣唯一入選的技術人員，也是本屆奧運亞洲唯一參與執法的棒球裁判。

02.06

中職與棒協合作設計六搶一中華隊新LOGO

透過記者會公布兩款新設計，開放球迷網路票選。後由以本壘板為設計主軸的A款勝出。

02.15

CPBL&NPB裁判講習會開訓

邀請日職一軍執法超過二十年經驗的資深裁判東利夫與良川昌美來台交流。

03.02

因應新冠疫情發展宣布延賽

中職三十一年開幕戰延至三月二十八日開打。

03.05

召開第一次防疫會議

中職成立疫情應變小組，宣布因賽程延後，增加官辦熱身賽場次，好讓球員保持狀態，並試行球場防疫措施。

03.09

官辦熱身賽防疫措施進行實地會勘

吳志揚會長偕同聯盟防疫顧問，至台南球場評估現行整體防疫措施，並加強防疫工作細節。

03.11

召開會員大會

味全龍球團加入，正式擴編為五隊。

03.12

召開第二次防疫會議

宣布增加的十場官辦熱身賽，以及十七日開幕二軍賽程，將不開放球迷進場。一軍開幕戰再延至四月十一日。

03.23

召開第三次防疫會議

宣布四月十一日的開幕戰將採取閉門比賽，如期開打。

03.30

中職實施員工分流上班制度

為降低感染擴大風險，避免影響比賽進行，中職內勤分兩組，賽務部分四組，彼此間互不接觸。

04.01

召開第四次防疫會議

首次透過視訊開會，吳志揚會長會後公布四月十一日開打後相關加強防疫政策細節。

04.23

中華職棒受到全球棒球迷關注

樂天桃猿、統一獅、富邦悍將、中信兄弟四隊均提供雙語轉播服務。

04.28

召開中職紓困會議

邀請體育署署長及五球團代表共同參加，針對運動產業紓困振興方案進行討論。

05.05

召開第六次防疫會議

討論開放部分觀眾進場的配套措施。

05.06

成功爭取開放球迷進場

中央流行疫情指揮中心同意中職開放一千名入場。

04.10

防疫物資捐贈記者會

聯盟捐贈CPBL TV帳號及《職業棒球》雜誌，供居家隔離、檢疫民眾免費使用。

04.11

開幕戰因賽前下雨，場地積水嚴重延賽

04.12

二〇二〇年全球第一場職業棒球賽開打

04.20

召開第五次防疫會議

制定一旦發生確診案例時的處置原則，一人確診就立即停賽。

05.08

世界首先開放觀眾進場的職棒聯盟

進場規範採實名制，吸引國內外媒體關注。

05.14

疫情指揮中心同意中職開放兩千名球迷入場

現場開放販售餐盒，隨餐備有手部清潔用品。國小以下之孩童得由家長陪伴，開放親子連座，全程戴口罩，並維持社交距離。

05.18

公布比賽用球檢測結果

兩次結果皆符合中職恢復係數規範。

05.23

二軍例行賽開放兩百名球迷入場

實施實名制，採取對號方式入座，全程佩戴口罩。

05.26

召開第七次防疫會議

決議向指揮中心爭取在實施實名制的前提下，提高球迷觀賽自由度。

05.26

宣布下半季更換比賽用球

全面使用恢復係數符合0.550到0.570的比賽用球。

06.05

召開第八次防疫會議

在執行實聯制及維持社交距離的前提下，放寬梅花座及佩戴口罩限制。

09.11

本壘衝撞判決說明緊急記者會

會長指示召開審判委員會，審視近期爭議判決，並對外說明。

09.14

召開季中總教練會議

為凝聚聯盟和球隊間的共識，向各隊總教練說明執法認定的標準。

10.03

味全龍奪得中職二軍總冠軍

味全完成二〇二〇年中職二軍賽事，將於二〇二一年在一軍正式出賽。

10.24

職棒三十一年例行賽完整結束

成為該年度世界首個完成完整例行賽場數二百四十場的職棒聯盟。

07.19
味全龍拿下二軍交流盃賽冠軍
味全龍回歸中職後的第一個冠軍。

07.20
新人球員選拔會 眾星雲集，各界矚目
共一二三名球員報名參加，人數為史上第三高，味全球團第一指名左投王維中。

07.23
公布下半季用球檢測結果
符合新版建議數值，會長簽名字樣改為藍色。

08.09
中職觀眾入場人數累積達三千萬人
在樂天與中信兄弟的比賽中達成，寫下歷史的一頁。

08.18
召開第九次防疫會議
疫情升溫，聯盟嚴格執行各項防疫措施。

11.08
統一獅奪下隊史第十冠
職棒三十一年台灣大賽由統一獅對決中信兄弟，雙方打滿七場分出勝負。

12.16
吳志揚會長出席屏東熱博插秧儀式
屏東熱帶農業博覽會與中華職棒大聯盟合作，將彩稻藝術結合中職五球團吉祥物及 TEAM TAIWAN 台灣犬圖誌。

12.29
拜會高雄市長陳其邁
鼓勵高雄市積極成立中職第六隊。

2021

01.19
中職會員大會選出新任會長 並舉行交接典禮
吳志揚正式卸下兩屆六年會長職務。

財經企管 BCB742

制度 態度 溫度
吳志揚的三度職棒管理學

口述 —— 吳志揚
採訪整理 —— 周汶昊

總編輯 —— 吳佩穎
責任編輯 —— 郭昕詠
封面設計 —— 汪熙陵
內頁設計 —— 汪熙陵
內頁排版 —— 簡單瑛設
圖片提供 —— 吳志揚

出版者 —— 遠見天下文化出版股份有限公司
創辦人 —— 高希均、王力行
遠見・天下文化 事業群董事長 —— 高希均
事業群發行人／CEO —— 王力行
天下文化社長 —— 林天來
天下文化總經理 —— 林芳燕
國際事務開發部兼版權中心總監 —— 潘欣
法律顧問 —— 理律法律事務所陳長文律師
著作權顧問 —— 魏啟翔律師
地址 — 台北市104松江路93巷1號2樓

國家圖書館出版品預行編目（CIP）資料

吳志揚的三度職棒管理學：制度 態度 溫度／吳志揚口述；周汶昊採訪整理．-- 第一版．-- 臺北市：遠見天下文化出版股份有限公司，2021.09

面；14.8×21 公分．--（財經企管；BCB742）

ISBN 978-986-525-277-9（平裝）

1. 管理科學 2. 領導 3. 職業棒球

494　　110013201

讀者服務專線 —— 02-2662-0012｜傳真 —— 02-2662-0007；02-2662-0009
電子郵件信箱 —— cwpc@cwgv.com.tw
直接郵撥帳號 —— 1326703-6號　遠見天下文化出版股份有限公司

製版廠 —— 中原造像股份有限公司
印刷廠 —— 中原造像股份有限公司
裝訂廠 —— 中原造像股份有限公司
登記證 —— 局版台業字第2517號
總經銷 —— 大和書報圖書股份有限公司｜電話 — 02-8990-2588
出版日期 —— 2022年2月23日第一版第2次印行

定價 —— NT450元
ISBN —— 9789865252779
書號 —— BCB742
天下文化官網 —— bookzone.cwgv.com.tw

天下文化
BELIEVE IN READING